学びなおし！ 数学　代数・解析編

なっとくする数学キーワード29

黒木哲徳

ブルーバックス

カバー装幀／五十嵐　徹（芦澤泰偉事務所）
本文・目次デザイン・図版／二ノ宮匡（nixinc）
本文イラスト／山田直子

まえがき

　巷には、数学をわかるようになりたい、もう一度学びなおしてみたいと考えている方々が少なからずおられるようです。そのような方々のお役に立てればと、小学校から高校までの算数・数学を対象に、数学の本質をより深く理解するために、とくに重要と思われるキーワードを取り上げ、著者なりの視点で再構成しています。そこが他書とは少し異なるところです。1冊目となるこの本は「代数・解析編」です。代数面から「数と方程式」、解析的な面から「関数と微積分」について解説しています（このあと、続編となる「幾何・解析編」の執筆にとりかかります）。拙著『なっとくする数学記号』（ブルーバックス）の姉妹編ともいえるでしょう。

　本書は4部構成となっています。
　第1部から第3部は、おおむね小学校、中学校、高校で学ぶ内容に対応していますので、順に読み進めていただければ、当時学んだ数学の本質の体系的な理解を深めていただけるように工夫しています。できるだけ丁寧な解説を心掛けたつもりですが、やや難解に感じる部分もあるかもしれません。ごめんなさい。でも、ぜひじっくり考え続けて、「あ、わかった！」と快感に浸っていただきたい。
　第1部は、「数」についてです。小数と分数の概念の違い、そして、量の性質を反映した数の捉え方について述べています。平易に感じる読者もおられると思いますが、数学的な概念の理解や応用上でとても重要な考え方です。

第2部は「**方程式**」が主たる内容です。素数から始まり、ユークリッド互除法によって実数（有理数と無理数）の実相を解明したあと、方程式、そして複素数と続きます。電気工学や量子力学をはじめ、今日では、実数と複素数が数学の基盤となります。複素数というと「この世に存在しない、怪しげな数」などと思われる方もおられるかもしれませんが、そうではありません。ぜひ仲良くなってください。

　第3部は、主として高校で習う数学の内容です。基本的な「**関数**」と「**微積分学**」の解説です。（三角関数は幾何・解析編に譲り）、本書では指数関数と対数関数を取り上げました。本書では詳しくは取り上げませんが、この二つの関数は、私たちの身のまわりの現象としてあふれています。

　そして高校数学最大の難所（？）とされる微分・積分へ話を進めます。微分は関数の概形や最大値・最小値など、関数を解析する方法であり、多項式近似は数値計算に欠かせません。そして積分（求積）は、微分と逆の関係にあるという原理の発見から、面積の計算が飛躍的に発展したという点を強調しています。その原理は、微分方程式を解くことで、「瞬間を知って（微分）、全体を予測する（積分）」ことを可能にしました。17世紀以降の数学は、これらの概念を抜きにしては語れませんし、今日の世界は微積分によって築かれているといっても過言ではありません。まさに人類の叡智の結晶であり、宝物なのです。

　第4部は、もっと数学を知りたい読者のために、3つのホット・イシュー（**確率・暗号・フェルマー予想**）を取り上げています。確率は古いテーマですが、不安定な世相の今日、重要になっています。

「数学とは何か」という問いに答えるのは難しいのですが、数学が精神文化の重要な要素であるということはいえるのではないでしょうか。残念ながら、学校教育の中では数学の交換価値（受験）や使用価値（道具）ばかりが強調され、その文化的価値に触れる機会はほとんどありません。しかし、数学は大きな思想体系なのです。

　数学が始まるのは、紀元前600年頃から300年にわたる古代ギリシャの時代でした。生活経験や体験によって得られた数学的知識が、物事の真理に到達する、いくぶん哲学的色彩を帯びた演繹的な数学へと発展し、さらには思考方法の中心に据えられ、精神文化を形成する重要な要素になっていきました。その全貌を知るのは無理ですが、少しだけ我慢して学び続ければ、その底流にある思想にちょっとだけ触れることができる──私はそう思います。

　ぜひ、数学の本質に触れてほしい。本書はそのようなことを意識して書かれています。ただし、限られたページ数で大筋の流れを理解していただくことを優先したこともあり、本来の数学が持つ厳密性は犠牲にしていますことをお断りします。

　本書が、数学の本質に少しでも触れる手助けになるとすれば、著者としてはこの上ない喜びです。

　最後になりましたが、拙著の挿絵を担当していただいた山田直子さんに感謝しますとともに、前著を担当いただいた須藤寿美子氏ならびに今回の出版と編集に多大なご尽力をいただいた青木肇編集長に心から感謝の意を表す次第です。

2024年6月吉日　黒木哲徳

目次

まえがき ……………………………………………………………… 3

第 1 部 | 「数」とは何か
小数と分数、そして量の性質

まずは算数、とくに「数」の原理的な解説から始めます。公式を考える上で重要となる「外延量と内包量の違い」や、内包量の代表格である割合について考えます。さらに、離散的な量から自然数が、連続的な量から小数や分数が、それぞれ生まれることを確認し、両者の違いを理解することが、数学の基盤となる実数の真の理解につながることを示します。

01 **基数と序数** ……………………………………………… 12
数の二面性って

02 **命数と記数** ……………………………………………… 17
１対１が基本です

03 **世紀の大発明・位取り記数法** …………………… 25
101匹のワンちゃん

04 **離散量と連続量（外延量と内包量）** …………… 34
量こそ数の命

05 **小数と分数** ……………………………………………… 40
仲良しこよしでも生まれが違う

06 **割合** …………………………………………………………… 45
賢い市民になる登竜門

第 2 部 | 方程式から考える
有理数、無理数、さらに複素数

整数の仕組みを理解するために、ユークリッド互除法から解説し、不定方程式を解きます。続いて、有理数（分数）、無理数（無限小数）との関係を明らかにした後、数学上の画期的発明である座標を使って関数のグラフと方程式との関係性を感覚的に捉えます。さらに、2次方程式の解の公式から、実数を複素数へと拡張します。数の拡張によって、代数方程式は複素数の範囲で必ず解を持つのです。

07 算術の基本定理と素数 …………………………… **56**
エラトステネスのふるい

08 最大公約数とユークリッド互除法 …………… **64**
あなたも壁貼り職人

09 不定方程式とユークリッド互除法 …………… **72**
小学生も挑戦

10 有理数と無理数 …………………………………… **81**
$\sqrt{2}+\sqrt{3}$ はどうする

11 連分数展開 ………………………………………… **90**
分数で迫る無理数の姿

12 グラフと曲線 ……………………………………… **98**
デカルトに感謝！　数学を飛躍させた発明

COLUMN1 　パラボラアンテナの秘密 ……………… **108**

13 2次方程式アラカルト ………………………… **112**
なぜか話題に上る「解の公式」

14 複素数 ⋯⋯⋯⋯⋯⋯⋯⋯⋯⋯⋯⋯⋯⋯⋯⋯⋯⋯⋯⋯ **120**
領土拡張は数学だけにしよう

15 複素数と代数学の基本定理 ⋯⋯⋯⋯⋯⋯⋯⋯ **127**
カルダノの戯れ

第**3**部 | 関数と微積分
指数、対数から微分方程式へ

代表的な関数である指数関数と対数関数について、指数法則を関数として
捉える数学的な考え方を、また逆関数という考え方から対数関数が定義さ
れることを説明します。また、続く微積分学では、微分法は接線の引き方
から考案された点、そして、それが積分の逆であるという原理が発見され
た点について述べます。その結果、面積計算が楽になり、それらの発見が
微分方程式につながっていくのです。

16 指数関数 ⋯⋯⋯⋯⋯⋯⋯⋯⋯⋯⋯⋯⋯⋯⋯⋯⋯⋯⋯⋯ **134**
喜びも悲しみも幾年月

17 対数関数 ⋯⋯⋯⋯⋯⋯⋯⋯⋯⋯⋯⋯⋯⋯⋯⋯⋯⋯⋯⋯ **143**
掛け算を足し算にする魔術

18 職人気質（対数表） ⋯⋯⋯⋯⋯⋯⋯⋯⋯⋯⋯⋯⋯ **152**
計算機のない時代の宝物

19 微分法（微分係数） ⋯⋯⋯⋯⋯⋯⋯⋯⋯⋯⋯⋯⋯ **159**
接してみなければわからない

20 微分法（導関数） ⋯⋯⋯⋯⋯ **169**
傾きでできる関数

COLUMN2 三角関数の導関数 ⋯⋯⋯⋯⋯ **177**

21 微分法（級数展開） ⋯⋯⋯⋯⋯ **183**
関数を丸裸にする

22 ネイピア数 ⋯⋯⋯⋯⋯ **190**
どうでもいい（*e*）話？

23 積分法（求積） ⋯⋯⋯⋯⋯ **196**
紀元前の昔からある面積計算

24 積分法と微分法 ⋯⋯⋯⋯⋯ **203**
ニュートンとライプニッツの合わせ技

25 積分法（不定積分と定積分） ⋯⋯⋯⋯⋯ **210**
やってみよう積分

26 微分方程式 ⋯⋯⋯⋯⋯ **221**
アンダーコントロール？

第 **4** 部 | 数学にまつわるさらなる話題　現代数学の位相

かなり専門的な用語も登場します。内容が難しいと思われる方もおられるかもしれませんが、概念をつかんでいただければと思います。「確率と大数の法則」では、統計的確率（実験的確率）と公理論的確率（理論的確率）の違いについて、「暗号と数論」では整数の素因数分解とオイラーの定理について解説し、そして「フェルマーの最終定理とABC予想」では、ピタゴラスの定理から、難解な代数幾何学の楕円曲線論へと到ります。

27 確率と大数の法則 ································· 232
　　賭け事に始まって数学となる

28 暗号と数論 ·· 242
　　新しい時代に必要な守護神

29 フェルマーの最終定理とABC予想 ············· 253
　　たかが数遊びと思うことなかれ

第 **1** 部

「数」とは何か
小数と分数、そして量の性質

まずは算数、とくに「数」の原理的な解説から始めます。公式を考える上で重要となる「外延量と内包量の違い」や、内包量の代表格である割合について考えます。さらに、離散的な量から自然数が、連続的な量から小数や分数が、それぞれ生まれることを確認し、両者の違いを理解することが、数学の基盤となる実数の真の理解につながることを示します。

01 | 基数と序数
数の二面性って

　私たちはいろいろな数に囲まれて過ごしています。たとえば、なにかと話題にのぼるマイナンバー、これは管理者にとっては便利なのでしょうが、カードにしてまで国民全員に普及させる必要があるでしょうか。銀行などで、"カードの暗証番号をときどき変えましょう"と勧めているのは、一つの番号に紐づけしておくことが危険だからですよね。でも、いまマイナンバーで政府がやろうとしていることは、まさにそれ。これも数学力の弱体化による論理的思考力の低下？

　ともかくも、筆者のような高齢者にとって数は悩ましく、やれ血圧値、やれ血糖値などと脅迫されます。これ以上、数に管理されたくはないのですが、これも現代社会の宿命です。

"読み書き計算"という3R's（reading, writing, arithmetic）は、近代文明社会の一員となるための三種の神器です。いまでは、代替してくれる装置（？）が溢れていて、その価値は暴落寸前です。それでも「文明社会」に留まりたい以上は三種の神器は欠かせない。とりわけ、文明人は数に惑わされないように強く生きなければなりません。

　その昔、中学校に入るといきなり試験成績の張り出しという洗礼を受けました。入学の4月にテストがあり、50番までの氏名と点数が学校玄関脇の職員室の前に張り出されたので

す。1学年180名くらいで、みな顔見知りです。ところが、50番までとはいえ、いきなり成績が友達全員の前に明らかにされたのですからびっくりです。"お前の名前があるぞ"と友達にいわれ、こっそりと見に行きました。この地方は黒木という姓が多いのです。"え〜と、どこにある？"と黒木の森をさまよっていたら、黒木の末尾にありました。それでも近所の女の子に"出来るんだね"といわれて、妙な高揚感を覚えました。こうして、定期試験のたびにローカの壁の晒し者となり、女の子の目を気にしながら数に翻弄される人生が始まったのです。こうしていま、数に脅かされながらもなんとか有終の美（？）を飾ろうとしています。これは文明人の悲劇です。

　ここで、4月、50番の4や50は、それぞれ月や成績の順番を表しています。これを**序数**といいます。どうも学校というところはやたらと順番が好きで、いつの間にか序列に慣らされてしまうのです。

　一方で、1学年180名の180は生徒の量（人数）を表しています。これを**集合数**または**基数**といいます。集合というのは物の集まりのことで、ここでは1学年の生徒の集まりのことです。その集合を構成する生徒の人数が集合数または基数です。

　成績が50番だったとすると、50番までの人は全部で50人いるということです。50という数は、このように順番を示していると同時に50人という集合数（基数）も示しているというわけです。つまり、数50は序数と基数の二つの顔を持っているのです。

　したがって、物の個数である集合数（基数）を知りたいと

思えば、この順番をつける（＝数える）という行為をするわけです。口に出して数えることを数唱といいます。

"この鉢の中に金魚が何匹いますか？"と問うと、子どもたちは数え始めます。

しかし、数唱はできてもそれが個数を表しているという認識ができていないことが多いようです。それで、何度も何度も数えてからようやく10匹と答える子もいれば、数えても総数がわからない子もいます。無意識に反応して、数え始めるのですが、その行為で最後に唱えた"10匹"が、金魚の総数10だという認識には繋がっていないのです。

いやいや、子どもばかりとは限りません。

マンションの3階というときの3も序数です。

3階に行くのに階段をいくつ（段数ではなく階段の設置の個数）上ればいいですか？

"それは3段（または3個）に決まっている"などといっては失格です。

実際は2段です。このように欺かれてしまうのです。

これは、序数と基数の関係というよりは命名（階）の問題ですが……。

我が国の場合は、地面と同じ高さを1階といいますが、外国ではground floorといいます。昔、ある国に行ったときに、その地のエレベーターは、地表が0で、上階は1, 2, …で、地下の階は−1, −2という表記でした。つい嬉しくなって、"進んでいる！"と叫んでしまいました。このように、外国では地表は0階とすることも多いようです。つまり、階段の個数なのか床の個数なのかの違いです。

英語では階はstoryで、2階建てというのはtwo-story

houseです。 床はfloorですので、 我が国ではtwo-floors houseということですかね。

デパートやビルで、1階から4階まで歩かれた方で、2階から4階までが"長いな〜"と感じられた経験はありませんか？ それもそのはずです。2階と4階では階数が2倍ですので、これまでの2倍だけ上ればいいと思っているのです。ところが、1階から4階まで行くには、1階から2階に行く階段の3倍の階段を上ります。これは、我が国の建物の序数と基数のマジックなのです。

ピアジェ（1896-1980）という人は子どもたちの発達について調べた心理学者ですが、「数をわかる」とは次のことができることだといっています。

　①数詞が順番にいえること （数唱）
　②数唱を対象物の一つ一つに対応しながらいえること
　③数唱の最後の数が対象物の個数を示していることをわかること （序数と基数の関係）

この最後のことができる年齢は5〜7歳であるというのが、ピアジェの研究の結果です。いまでは、もう少し違っているかもしれません。

　①でよくあるのは、"ジュウまで数えてごらん"といったとき、"イチ、ニ、サン、ゴ、ハチ、ク、ジュウ"とか、"イチ、ニ、サン、シ、ゴ、シチ、ロク、ク、ハチ、ジュウ"なんていう、節約型や創作型のあわてんぼうがいるということです。

　②でよくあるのは、（イチ）、（ニ）、（サン、シ）、（ゴ）、…と数唱と対象物のずれが起きることです。これは、お兄ちゃんが幼い弟にキャンディを配るときに使える騙しのテクニッ

クでもあります。

③は発達の段階としての最後になるわけです。

数の認識としては、幼稚園や小学校の初期の段階で、上に述べた3段階のことをできるように気を付けてあげることが必要なのですね。

たかが数、されど数というわけです。

みなさんは、いまは平然としたお顔をして数を数えていますが、これも学習の成果なのです。

02 命数と記数
1対1が基本です

　数は抽象的なものです。

　では、その抽象的な数はどのように考えればいいのでしょうか。

　次のような羊飼いの話をどこかでお聞きになったことがあるかもしれません。

　柵から羊を放つとき、小石を準備しておいて、1頭の羊が柵から出るたびに、小石を籠の中に1個入れます。今度は放牧が終わって、羊が柵の中に1頭入るたびに、小石を籠から1個取り出し、籠の小石がなくなればすべての羊が帰ってきたことになります。こうして、その小石を入れた籠を保管しておきます。そこで、籠を二つ準備しておいて、羊を放つときには小石を空の籠に1個ずつ移し、最初の籠が空になれば羊はすべて外に出ていることになります。羊が帰ってくるときは、その逆をやればいいわけです。このような知恵があれば、羊を管理するには数える必要もなく、数も必要ないのです。

　ここでは、**1対1対応**という数学的に重要な概念が使われています。

　いま、ここにいる羊の全体の集まりを考えます。これを羊の集合といいます。一頭一頭の羊はこの集合の要素と呼ばれます。もちろん、各羊は区別ができるものと考えます。

また、小石を入れた籠は小石の集まりですから、これは小石の集合ということです。やはり、一個一個の小石はこの集合の要素と呼び、各小石は区別ができます。

　そこで羊飼いがやっている行為は何かといいますと、

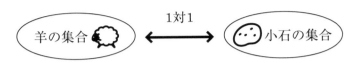

図2-1

　羊の集合と小石の集合の間の対応づけをしていることになります。

　このとき、羊1頭に小石1個を対応づけているわけです。羊の柵が空になり、同時に小石の籠が空になるということは、それが過不足なく対応づけられているということになります。

　このとき重要なことはこの「対応づけ」という操作です。

　このように1頭に1個を対応させ、過不足なく羊の集合から小石の集合へ対応づけることを1対1対応といいます。過不足なくということを強調するために、1対1の上への対応ということもあります。

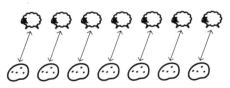

図2-2

1対1に対応づける
（過不足なく）

　したがって、このように過不足なく1対1の対応がある場合には、羊の頭数と小石の個数が同じであるということになります。その逆もいえますね。

　こうして、羊の集合から小石の集合への1対1の上への対応がある場合には、どの羊をどの石に対応させるかということには関係なく、いつでも1対1ができるわけです。こうして、この二つの集合の間には1対1という対応で不変の共通の性質があるということになります。その性質から抽象された概念が濃度または集合数というものです。

　そして、羊の集合の全部の要素のことを羊の集合数といいます。これが羊の頭数です。小石の場合も同じです。

　二つの集合に対して、1対1の上への対応がある場合には、これらの集合数は等しいということになります。

　幼児の数唱も同じことで、数詞（イチ、ニ、サン、…）と対象物の1対1の上への対応をしているわけです。たとえば、籠の中のイチゴの集合をイチ（1）、ニ（2）、サン（3）、シ（4）、ゴ（5）、ロク（6）と唱えることは、イチゴの集合と数詞の集合の1対1対応づけをしていることになります。

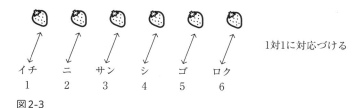

1対1に対応づける

| イチ | ニ | サン | シ | ゴ | ロク |
| 1 | 2 | 3 | 4 | 5 | 6 |

図 2-3

　したがって、幼児の数唱という行為は、この対応づけをや

っているだけであって（正確に1対1になっていない場合もあります）、"イチゴはいくつ？"と問われても答えられないのは無理のないことなのです。これを6個と答えられるには、数唱の最後の"ロク"が集合数の"6"だということがわからなければならないからです。

それではこの記号6はどこからきたのでしょうか？

その素性を知る必要があります。そのためには、数の**命数**（命名）と**記数**という手続きが必要です。

いま、次のような集合を考えてみます。集合は { } を使って表します。

A = |🍎, 🍎, 🍎|、B = |🌽, 🌽, 🌽, 🌽|、C = |🐱🐱🐱|、D = |🐡, 🐡|、
E = |🌹, 🌹, 🌹|、F = |🐮🐮|

図2-4

Aはリンゴの集まり、Bはトウモロコシの集まり、Cは猫の集まり、Dはフグの集まり、Eはバラの集まり、Fは牛の集まりです。集合の構成員である一つ一つを要素といいます。

そこで、リンゴの集合Aと別の集合との間で、以下のよ

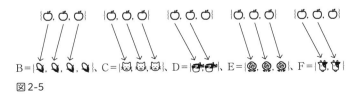

図2-5

うに一つの要素を一つの要素へと対応づけてみます。

　このとき、次のような3通りのことが起きています。

(1)相手の集合の中にリンゴと対応づかない要素が残る（余
　　る）　　　：AとB

(2)相手の集合とリンゴの集合とで過不足のない1対1の対
　　応ができる

　　　　　　　：AとC，AとE

(3)相手の集合の中にリンゴを対応させる要素が足りない

　　　　　　　：AとD，AとF

(2)の場合が、すでに述べたように同じ濃度なわけです。

　このとき、Aの濃度（集合数）のことを＃をつけて、＃(A)
と表すことにします。＃(A) ＝ ＃(C) ＝ ＃(E) ということ
になります。

　このとき、この集合数に名前を付けて（命名）、"サン"と
呼び（数詞）、"3"と記す（数字）ことにしたのです。この
ようにして、各集合数に呼び名（名前）と記号（数字）を与
えたというわけです。濃度と命数と記数の三者が結びついて
初めて数として扱えることになります。

物の集合を代表させて（半具体物）	命数（数詞）	記数（数字）
＃ \{●\}	イチ	1
＃ \{●, ●\}	ニ	2
＃ \{●, ●, ●\}	サン	3
………………	…………	…………
＃ \{●, ●, ●, ●, ●, ●\}	ロク	6

図2-6

当然、所変われば呼び名も記号も違うというわけです。この記数の方法にはさまざまな文化と歴史があります。

　我が国の江戸時代までは、その記号は一、二、三、…ですし（もっとも、これは中国由来です）、呼び名もヒ、フ、ミ、…となっていたわけです。

　いま、世界のほとんどで使われている1, 2, 3, …は、インド・アラビア数字と呼ばれるもので、中世の頃からインドやアラビアで使われていたものです。

　古代ギリシャでは、α、β、γ、…が使われていました。また、ローマではⅠ、Ⅱ、Ⅲ、…でした。

　ところで、このようにして、物の集合から得られる数（集合数）のことを**自然数**と呼んでいます。このプロセスはどこまでも続きますので、自然数は無限にあるということになります。

　残念ながら無限個の個数を確認することはできませんが、無限とは何かというと有限ではないことです。もし、数が有限だとすると、その最後の数を表す集合 {●, ●, ●, …, ●} があるはずですから、それに1つ●を付け加えた集合 {●, ●, ●, …, ●, ●} の集合数はそれまでのものとは異なっています（過不足ない1対1の対応づけができない）から、最後の数ということに矛盾します。こうして、数（自然数）は有限ではありません。このような無限のことを可算無限と呼んでいます。可算というのは、"イチ、ニ、サン、シ、…"といった具合に数えることができるという意味です。

　そこで、この"数える"とはどのようなことを意味しているのかを考えてみます。

　そのためには、先ほど述べた(1)(3)の場合に戻って考える必要があります。

　ここで集合数の間に、記号「<」を導入することにします。

　(1)の場合は、 ♯(A) < ♯(B) と定めて、Bの集合数はAの集合数より"大きい"（または、Aの集合数はBの集合数より"小さい"）ということにします。

　(3)の場合は、 ♯(A) > ♯(D), ♯(A) > ♯(F) ということになります。

　こうすることで、集合数の間に、"等しい（同じ）"、"大きい（または小さい）"という概念を取り入れることができます。

　このとき、次のことは明らかでしょう。

♯|●| < ♯|●, ●| < ♯|●, ●, ●| < ♯|●, ●, ●, ●| < ♯|●, ●, ●, ●, ●| < ⋯
図 2-7

　これを数記号でいうと、 1 < 2 < 3 < 4 < 5 < ⋯ となります。

　つまり、集合数には大小関係が定まり、順番を考えることができるということです。

　1, 2, 3, ⋯ と数える（数唱）という行為は、大きさの小さい方から順番に数と対象物とを1対1に対応づけていくことになります。

　一方で、数は集合から抽出された概念であり、それにつけた記号でした。

　5という数は集合数の5を示す記号で、集合の要素の個数

を示していることになるわけです。したがって、順番に数えたときの最後に唱えた数がその集合の集合数、つまり個数を示しているというわけです。

　以上のことで重要なのは、"1対1対応づけ"という方法です。

　数という概念を持たない民族でも、同じとか大きいということが判断できるのはこのような方法があるからです。したがって、社会のあり様においては、必ずしも数の概念を持つ必要はありません。悲しいかな、私たちは一応近代文明社会に生きていますので、数に振り回されて生きる運命にあるのですが……。

　このように集合というものを考えて、それらに共通する概念の一つとして、数が抽出され、それらに名前（命数）と記号（記数）を与えて、利用しているというわけです。

03 | 世紀の大発明・位取り記数法
101匹のワンちゃん

　少し前の時代に、「101匹わんちゃん」というディズニーの映画がありました。

　もともとの原作は『The Hundred and One Dalmatians』（Dodie Smith著 Egmont 1956）というタイトルです。Dalmatian（ダルメシアン）とは白地に黒や褐色の斑点があって、子どもたちの喜びそうな犬です。

　ストーリーはさておき、一組のつがい以外にその子どもを含めて99匹の犬が出てきます。作者の意図はわかりませんが、この99という数は2桁の最後の数です。したがって、あと1匹で3桁（100）になり、さらに1匹加えることで101になります。なかなかどうして、この数字の選び方がこころニクイ。

　100という数は子どもたちにとって、とても大きな数との最初の出会いです、さらに100とせずに101とするセンスが抜群！

　さて、101を "イチゼロイチ" 匹ではなく、"ヒャクイチ" 匹と読むのはなぜか？

　"ヒャクイチ" 匹は "百一" 匹です。

　百は、一、十、百、千、万、…という数（集合数）の単位と呼ばれるものです。

　この命名は、もともと中国から伝わったものです。

一　二　三　四　五　六　七　八　九　十　十一　十二…
十九　二十　二十一　二十二…

と続きますが、これらは集合数につけられた名前（命数）であり、記号（記数）です。まとめて**数詞**ということにしましょう。

　これらの数字は漢数字と呼ばれています。江戸時代まではこの数詞しかなかったわけです。

　この数詞の決め方が優れているのは規則性があるということです。

　その仕組みは次のようになっています。

　①一から十までは異なる記号を用いる

　②それ以上は、十と①の記号を組み合わせる。十一、十二、…という具合

　③十九の次を十十とせずに二十とする

　④以上を繰り返して、二十、三十、…、九十ができる

　⑤九十一、九十二、…、九十九の次は百とする
　　ここで、新しい数の単位として百が出てくる

　⑥今度は、一から十までの記号と百を使って表記する
　　百一、百二、…、百十、…

　⑦九百九十九の次は千とする。ここで、新しい数の単位として千が出てくる

　つまり、次のようになっているのです。

　まず一を"じゅう"集めた一まとまりを十として、十を"じゅう"集めたら百とし、さらに百を"じゅう"集めたら千とし、……という具合に"じゅう"を基本に新しい数（これを単位という）を導入して、集合数を表記する。この方法を十進記数法といいます。図3-1の矢印は"じゅう"倍とい

うことです。

一	二	三	四	五	六	七	八	九	十
十	二十	三十	四十	五十	六十	七十	八十	九十	百
百	二百	三百	四百	五百	六百	七百	八百	九百	千
千	…………								
万	…………								
十万	…………								

図 3-1

　ただ、我が国の記数法は、途中で腰砕けになって、万から先は億までサボるのです。

　いや、別の見方をすれば、日常生活で大きな数を扱うこともないだろうから、万まで準備しておけば十分だろうと考えたのかもしれません。十万、百万、千万として、ようやく次の新しい単位の億が導入されます。その都度、新しい単位を導入されたのでは覚える方は大変ですからね。「万」「億」「兆」など、大きい数は四進的に単位が変わりますが、まあ、それでも十進記数法を取り入れているということです。

　世界中にはそれぞれの文化特有の歴史的記数法があるのですが、明治以前の我が国の記数法はこの中国伝来の方法です。これは古代エジプトの記数法と似ています。

　古代エジプトでは、図3-2のように一は縦棒 | で表記し、それを並べて九まで表しました。

　そこで、十、百、千、万、十万、百万を図のように表記するのです。

　"じゅう"のまとまりで数を表記する方法です。

九…｜｜｜｜｜｜｜｜｜　　　十(10)…∩ 水牛のワナ

百(10^2)…𓍢 巻いたロープ　　千(10^3)…𓍶 蓮の花

万(10^4)…𓂭 曲がった指　　十万(10^5)…𓆐 おたまじゃくし

百万(10^6)…𓁨 空気と空間の神

図 3-2

　また、𓁨𓆐𓂭｜｜｜｜∩｜｜｜ は二百十二万三千十三（2123013）を表しています。

　このような表記法では、それぞれの記号を置く位置は決まっていないということです。

$$∩∩𓍢𓍢∩||| \ = \ 𓍢𓍢∩∩∩||| \ = \ 233$$

図 3-3

　𓍢が2個で200、∩が3個で30、｜が3個で3というわけで、どちらも 200 ＋ 30 ＋ 3 ＝ 233 となります。"じゅう"を一まとまりとする十進表記ではあるのですが、足し算（加法）を援用して表現する方法です。記号の順番はまったく関係ないというのはメリットでもあります。

　このような表記法を加法的十進記数法と呼んでいます。

　このエジプトの記数法と漢数字による記数法の違いは、数字の順序です。上記の∩∩𓍢𓍢∩｜｜｜を、この順序で漢数字表記にすると二十二百十三となります。これは明らかに233を表していません。漢数字は桁の大きいものを先頭にする順序を持つ記号を使うので、古代エジプトの記数法のように自由にはできません。その分、漢数字の方が節約した表記になっています。

「101匹わんちゃん」は漢数字表記だと「百一匹わんちゃん」です。百一を101と書き"ヒャクイチ"と読むのは、以下のような仕掛けがあるからです。

　この表記の仕方は、漢数字と同じように十進記数法なのですが、それに加えて"位取りの原理"というのを用いています。これは、数字の置かれた位置を勘案した記数法で**位取り記数法**と呼ばれるものです。そこでは、0という記号が非常に重要な役割を演じます。漢数字との対応は以下のとおりです。

漢数字	:	一	二	三	四	五	六	七	八	九	十
インド・アラビア数字	:	1	2	3	4	5	6	7	8	9	?

"じゅう"を十という記号を使って表現したのが漢数字です。ところが、インド・アラビア数字では、ここで"位"（または"桁"）という数字を置く位置を利用するのです。わかりやすくするために、位置をボックスで示します。

図3-4

　いま、とりあえず3つのボックスで考えていきましょう。
　このボックスの一つ一つが「位」です。
　一番右を"いちの位"といいます。ここには9までの集合数しか入らないことにします。そこで、9を超えた場合は、図3-5のように左隣のボックスを使って表記するのです。
　"じゅう"で一括りをしたものを1として左隣の箱に入れます。この箱を"じゅうの位"といっています。

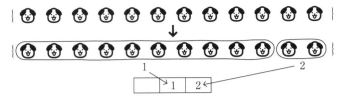

図3-5

　こうして、箱の枠をとり除いて、12と表記することにするわけです。

　この物語の場合は、百一匹いるわけですから、"じゅう"のまとまりが"じゅう"できるというわけです。それを一つにまとめて1として、"じゅうの位"の左隣の箱に置きます。

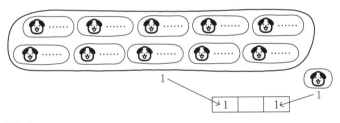

図3-6

　そこで、先ほどと同じように箱の枠をとり除くと、1　1となります。

　ここで、困ってしまって、"わん、わん、わわん"と犬のおまわりさんの登場となります。なぜなら、一箱分の空間を空けているので、書き方によっては少し間隔が狭くなり11（十一）となってしまい、喧嘩沙汰になる恐れがあるからです。

　そこで、犬の裁判所が調停して、空白の代わりに0（ゼロ）という記号を入れることにしたのです。こうして、1　1ではなく、101と表記することになったのですね。

　一番左の箱を“ひゃくの位”と呼んでいますので、“（いち）ひゃくいち”ということです。つまり“（一）百一”であり、“(One) Hundred and One”なのですね。

　つまり、この記数法は十進記数法と位取り記数法という二つの原理でできています。

　いま述べたように、この記数法の欠陥は空位ができるということです。

　そのために0という新たな記号が導入されたわけです。ちなみに、紀元前4000年ごろから栄えたバビロニアのシュメール人も、六十進記数法による位取り記数法を使っていたとのことです。ここでも空位の問題があり、特別な記号をそこに置いて処理したようです。

　この古代との大きな違いは、空位を表す記号である0を数として扱ったことでした。

　mを任意の数としたとき、$0 + m = m + 0 = m, 0 \times m = m \times 0 = 0$となります。

　つまり、0はいくら加えても0ですし、0を掛ければ0ということです。また、0では割り算ができません。

0という記号が発見されたのはインドだといわれています。

　ここで、前節で説明した集合数の考えに戻ってみます。

　つまり、「要素がまったくない集合」というものを考えることにするのです。料理の載っていない皿みたいなもので、"空いた皿"といいますか、そのような感覚でいいのです。空の集合のことをギリシャ文字のϕ（ファイ）で表します。$\phi = \{\quad\}$ということです。そこで、この集合の集合数を0という記号にします。$\#(\phi) = 0$と考えることで、0も数の記号として扱えます。

　この記数法が全世界に広まった理由は、なんといっても計算が簡単にできるということです。0〜9までの計算と桁ごとの計算で済むからです。

　それ以前は、多くの数の表記法は計算と分離していました。漢数字も例外ではありませんでした。ただ、中国では計算のためのソロバンが発明され、それを使っていたのです。これは、十進記数法を反映した優れた手動計算機でした。我が国にはかなり早い時代にこのソロバンも伝わってきました。中国のソロバンが五珠式であったのに対して、我が国はそれを改造して四珠式にします。実は、この四珠式の方がはるかに合理的にできています。江戸時代に多くの庶民が計算をできたのはソロバンのお陰です。

　ところで、最初の頃はヨーロッパでは0が嫌われていたようです。悪魔が人間に魔法をかけるときに、その人間をマル（0）で囲むらしいというので、悪魔の数といわれていたとのことです。次のような戯言があるそうです。"人形が貴族になり　ロバが獅子になり　猿が王様になったら　0も数に

なれるだろう”（遠山啓著『現代数学対話』　岩波書店 1967）。それほどまでに、0というのは数として認め難かったようです。

　そうでなくても、額面が1000円の借用書に貸主がこっそり末尾に00をつけておけば、100000円を借りたことになってしまいます。その意味では、0は悪魔の数です。“1000一”というように金額の末尾に“一”を書く理由があるわけです。

　いまでは0は数であり、これがなければ数学も進展が遅れていたかもしれません。この戯言は戯言で終わってくれて、めでたし、めでたしというわけです。

04 | 離散量と連続量 （外延量と内包量）
量こそ数の命

　私たちはさまざまな「量」の中で生きています。

　それらの量を数値化していろいろと生活に役立てています。

　高齢になるとどうしても病院との縁が切れず、検査によるさまざまな数値と向き合うことになります。近年の医者は、患者を直に診察することなく、コンピューター画面の数値とグラフを眺めて、その情報にいくぶんかの所見を加えて伝達するのが仕事のようです。これなら早晩AIに任せられるよという巷の話に妙に納得してしまいそうです。

　さて、検査のいろいろな量は単位がつけられて整数値や小数値で表記されています。血圧が80〜136という表示は、きっかり80とか136ということではなく、計器によって切り取られているわけです。もともとは整数値とは限らない数値を然るべき理由で切り取っているわけです。このように整数値だけでは表せない量のことを**連続量**といいます。

　一方、鉛筆の本数とか選挙の得票数のように自然数（または整数値）で表される量のことを**離散量**と呼んでいます。

　どちらも量を表す数ですが、離散量、連続量というように扱いを別にしているのは、離散量の方が扱いやすいこともありますが、連続量は数値化するうえでの手続きが必要になるという事情があります。

　離散量ははっきりしていて、きっちりと確定します。2.3本の鉛筆とはいいませんね。また離散量の場合は、量から数を取り出すことが確定的にできます。また、演算（＋、－、×、÷）も明確にできます。ただし、割り算には注意が必要です。「7本の鉛筆を3人で分けましょう、1人何本ですか」としたときに、「7 ÷ 3 ＝ 2.333…だから、1人2.3本」とするわけにはいかないからです。

　したがって、幼稚園や小学校では、この離散量から指導が始まり、数的処理だけではなく、具体物と対応した余りのある割り算の指導も必要になります。一般的に、身の回りにあるおもちゃの個数や自動車の台数やお菓子の個数などの集合数といわれるものが、離散量の表現ということになります。

　他方、連続量は若干扱いにくいです。

　連続量は測定というものに基づいて出てくる数です。一般にこの数は整数値ではありません。あなたの尿酸値は6.5ですというように小数で表記されます。すでに述べたように整数値であってもそれは計器で切り取った数値です。その意味で連続量と呼ばれています。しかも、常に測定誤差がつきものですから、きっちりと測れるとは限りません。たとえ計器を使ったとしても、誤差を小さくはできても排除することはできません。

　小学校で出てくる連続量は長さ、重さ、液量などです。

　その代表的な数値に円周率があります。率というのは円周の長さと直径の長さの比（＝ 円周の長さ ÷ 直径）だからですが、直径が1の場合の円周の長さにあたります。

　円周率では3.14がよく使われるわけですが、一時期、小学校で3を使うか否かという議論がありました。その理由は

「小数の計算を習っていないから」だということでしたが、不可解でした。なぜ3.14という数値なのかを知っていて3を用いるのと、計算ができないから3とするのとではまったく意味が違います。余計な配慮は徒となります。

　円周率にπという記号が使われる理由は、この値はいつまでも続くので書ききれないからです。

　つまり、計算は可能なのですが、規則性もなく、いつまでもダラダラと続いて終わりがありません。このような数を**無理数**と呼んでいます。なお、πは2022年6月の時点では小数点以下100兆桁までわかったという発表があります（Even more pi in the sky: Calculating 100 trillion digits of pi on Google Cloud by Emma Haruka Iwao. June 9, 2022. この岩尾エマはるかさんはπの計算で有名な日本人です）。その100兆桁目の値は0だそうです。まだまだ未知な状態なのです。ちなみにπ＝3.141592653589…です。

　それは数なのかと思われるかもしれませんが、量を数値化して使う以上は避けては通れません。

　3.14というところで切り取って使うのは、通常の実用上はそれで十分事足りるからということもあります。ただ、いつも3.14を使っているので、それが近似値だという認識のない大学生もいるようです。つまり、半径2㎝の円の面積である3.14×(2×2)＝3.14×4＝12.56㎠が近似値ではなく正確な値だと思っているわけです。

　子どもたちの算数が好きだという理由の多くに、答えがすっきりと求まる教科だからというのがあります。でも、実は連続量に関してはそのほとんどが近似値なわけですから……。もっとも、すっきりの夢をみている方が幸せ？

　円周率以外にも、1辺の長さが1の正方形の対角線の長さ
であるとか、1辺の長さが1の正三角形の面積などはすっき
りした数にはなりません。いわゆる無理数というのが出てき
ます。連続量から無理数が生まれてくるわけです。無理数を
使った実際の計算では近似値を使用するしかないのです。紀
元前には、円周率は3.14ではなく、22/7という分数がよく
使われていました。もっとも、小数表記が発達していない時
代での話なのですが、手計算ではこの分数を使う方が楽かも
しれません。

　ただ、最近では何でも電卓で計算できますので、πや$\sqrt{2}$
などの記号を使わずに、いきなり数値に直して電卓で済ませ
ようとする傾向があります。しかし、実は計算の過程ではπ
とか$\sqrt{2}$とかの記号を使い、最後の結果を得た後で、数値に
置き換える方が数段便利なわけです。ある国の授業を見たと
きのことですが、$\sqrt{2}$などが使われている式を最初に電卓で
数値に直してから計算する生徒がいました。ところが、数値
が煩雑になって途中で計算をあきらめてしまいました。必ず
しも電卓を使った計算が合理的とはいえないわけですね。そ
の意味では、中学校や高校でこれらの記号を用いた演算が
スムーズにできるようにしておくことは大切なわけです。

　離散量と連続量の違いからくる接し方を知っておくことは
無駄ではないでしょう。やはり、人間の合理的な思考は重要
なわけです。

　物の個数などの離散量は自然数を含む整数の範囲で十分で
すが、連続量は分数や小数等の表現を用いなければなりませ
ん。したがって、分数や小数（無理数を含む）などの実数と
呼ばれているものの扱いがどうしても必要になってくるわけ

です。

　我が国では、キャンディでもチョコレートでも箱やパックに入って売られていますが、これは離散量の世界です。一方で、外国に行くとキャンディでもチョコレートでも量り売りが多いですが、量り売りは連続量の世界です。これは文化の違いでもあります。次節で紹介する小数と分数という量の数値化の違いにも表れてきます。

　ところで、連続量には**外延量**と**内包量**があります。

　長さ、重さ、広さ、体積、時間のような広がりのある量を外延量といい、速度、密度、濃度、温度といった外からは捉えにくい質的な量を内包量といいます。

　外延量はものさしやはかりなどを用いて数量化しやすいのですが、内包量は外延量などから作り出される量であり、目に見えないので理解が難しいのですね。

　外延量の特徴は、広がりのある量という言葉のとおり、加法性があります。

　長さ20㎝と長さ30㎝を合わせると長さは50㎝になります。

　つまり、20㎝＋30㎝＝50㎝ということです。基数（集合数）は加法性があり、外延量の仲間と考えます。

　かたや内包量は、外延量を使って割り算から作り出される量ですので、質的な量といえます。

　たとえば、距離や時間は外延量です。この外延量を使って作られる新たな量である時速＝距離／時間は、内包量です。

　割り算（商）で定義される内包量は、大きく分けて二つに分類できます。

　①異なった外延量の割り算（商）で定義される量：これは「度」と呼ばれています。

②同種の外延量の割り算（商）で定義される量：これは「率」と呼ばれています。

内包量は加法性を持つとは限りません。ここが外延量とは異なります。

実際、時速60kmと時速40kmを加えても時速100kmになるわけではありません。

$$60\,km/時 + 40\,km/時 \neq 100\,km/時$$

①の例としては、速度や密度（＝ 重さ ÷ 体積）などがあります。

特徴としては、変化する二つの量の比であり、微分の概念に繋がっていく概念でもあります。小学校の算数では「単位当たり量」として扱われています。

また、人口密度は離散量（人数は基数）÷ 外延量ですが、すでに述べたように基数は加法性の成り立つ量で外延量の仲間と考えますので、①の例にあたります。

②の例としては、割合や利率などがあります。

多くは無名数（単位名称のつかない数）で、パーセントで表示することが多いです。

同じ度といっても濃度（＝ 溶質 ÷ 溶液）というのがありますが、これは割合ですので、②の例になります。

このように区別するのは、直観的に捉えられる量と質的な量との違いを理解することの他に、何でも機械的に足すことができると考えている子どもがけっこう多いからです。

算数は一見簡単に思えますが、その背景にある概念には基本的で奥深いものがあります。また、その概念理解がないと後々困ることにもなりかねません。そのためには、初めて出会う概念の丁寧な指導は欠かせないのです。

05 | 小数と分数
仲良しこよしでも生まれが違う

　数は離散量と連続量を表現するために使われますが、**小数**や**分数**は連続量を数で表現するために用いられる方法です。つまり、連続量を数値化するには測定が必要であり、基準を定めて測ったときに、"余り"が出てしまう可能性があるというのが特徴です。したがって、この余りを基準に照らしてどのように処理するのかという方法論が必要なのです。

　長さで説明しましょう。

図5-1

　ある長さをμ（ミュー）とします、ただμはまだ数的な表現がなされていないとします。

　ある長さμの数的表現のために、まず基準の長さ1が必要になります。

　基準1の長さを決めて、μを基準1で測定します。

　基準で3回測れて余りが生じたとしましょう。

　つまり、$\mu = 3 + (余り)$　（＊）

　この余りの処理の違いで分数と小数が生じます。

　（小数の誕生）

　いまの余りを、基準１の十等分の長さ (1/10) を新しい基準として測定して、２回で測り切れたとします。そのとき、$\mu = 3.2$ と表示するのが小数です。

　もし、それでも余りが出れば、$\mu = 3.2 +$（余り）となります。

　先ほどの長さ (1/10) をさらに十等分した長さ (1/100) を新しい基準として測定して、４回で測り切れれば $\mu = 3.24$ と表示します。

　このように十等分、さらに十等分しては、余った長さを次々と測り、一の位より右の方に右の方にと書いて表現する方法、つまり、十進位取り記数法による表示が小数なのです。

　重さ、広さ、液量などの連続量も以上の手続きで小数表記をすることができます。

　小数の使用は、紀元前のバビロニアの六十進数に見られます。その後も六十進数が使用されていたようですが、13世紀ごろからインド・アラビア数字が普遍的に使われることで、十進位取り記数法による現在の小数表記が発達しました。ヨーロッパでは、16世紀以降にオランダのシモン・ステヴィン（1548-1620）という人によって十進小数が考案されたとのことです。

　（分数の誕生）

　もう一つの表記は分数による表記です。

　分数も余りを処理する表記の方法ですが、余りの数的表記の方法が小数とはまったく違います。

　（＊）のところまでは同じです。

　すなわち、ある長さ μ を基準１で測定したところ、３回測れて余りが生じたとします。

$$\mu = 3 + （余り）$$

　この余り（これを γ［ガンマ］としましょう。$\mu = 3 + \gamma$）の数的表記を求めるために、この余り γ で基準1の長さを測るのです。ここが小数表記の操作とはまったく異なります。

　いま、γ で基準1が5回測り切れたとします。

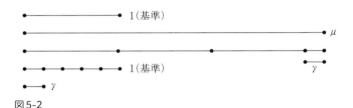

図5-2

　つまり、$1 = 5\gamma$ です。この余り γ を $1/5$ と表記します。よって、$\gamma = 1/5$ です。γ は基準1を5回測り切れる長さだというわけです。

　$\mu = 3 + \gamma$ ですので、$\mu = 3 + 1/5 = 3\frac{1}{5}$ と表記します。このような余りの処理の仕方によって分数が生まれてくるのです。

　この操作は、基準1と最初に与えられている長さ μ とを同時に測り切るための新しい基準を求めているのです。それが（$\gamma =$）$1/5$ というわけです。

　このとき、新しい基準は基準1を5回測れるので、それを $1/5$ と表記し、長さ μ はこの新しい基準では16回測れるので、$16 \times (1/5)$ を $16/5$ と表記するのです。こうして、$\mu = 3 + 1/5 = 16/5$ となります。

　また、この新しい基準 (1/5) は、小数表示で用いた基準 (1/10) で測ると 2 回測れるので、小数表示は 0.2 となるわけです。これが分数と小数の換算なのです。

　こうして、$\mu = 3 + 1/5 = 3 + 0.2 = 3.2$ となるわけです。

　分数は位取り記数法が普及していない時代に生まれた連続量の記数法であったわけです。

　このように小数と分数とは測定の余りの処理の違いから生じました。

　十進位取り記数法を採用する文明では、余りが出たら、1 を十等分したものを新たな基準として（十進数の原理に基づいている）、それで測定して十進位取り記数法で記数しました。この場合は、新たな基準は前の基準を十等分するという機械的な方法で作れます。もっとも、十進数的ではあっても位取りの原理がないところではこの記数法は難しかったと思われます。

　一方、分数表記は、前述の手続きに見られるように、まず基準 1 を余りで測り、それで余りが出たら前の余りをこの余りで測るという、余りで余りを測るという方法です。これは、基準 1 と測定の対象 (μ) を同時に測り切れる新しい基準を探すという操作だったわけです。これは後節で述べるユークリッド互除法と呼ばれる操作です。

　現代では小数も分数も自由自在に使われているのですが、小数が十進位取り記数法によるものであり、分数が紀元前の文明から来ていることから、その使用の仕方に文明を反映しています。具体的には、東洋文化圏では小数表記が発達し、西洋文化圏では分数が発達したのです。西洋の国々の店先では「バナナ一房の 1/2 が 1 ドル」というような、分数による

表示によくお目にかかります。

　小数と分数では、どちらが計算しやすいかといえば、圧倒的に小数ですね。それは十進位取り記数法で表記されているからです。一方で分数の計算には理屈が必要になります。一般論ですが、東洋人が計算に強く、西洋人が理屈に秀でているといわれるのは、そのような理由があるからなのかもしれません。

　表現からみると、量の直観的把握に優れているのが分数で、計算が簡単にできるのが小数といえます。小数文化の私たちが、分数が苦手なのは仕方がないことなのですが、グローバル化の今日、どちらも使えるようにしておきたいものです。

小数派　　分数派

06 ｜ 割合
賢い市民になる登竜門

割合という概念は、小学生にとって最も難しいようです。

いやいや、いま大学で講義されている先生のお話では、大学生にとってもやさしくないようです。ある大学で、資料をもとに物価上昇率を求めなさいという課題を出したらほとんどの者ができなかったという笑えない話を聞いたことがあります。

いずれにせよ、我々の生活とは切り離せない概念です。

古い時代から租税や貸借などに割合の考え方は使われていたようですので、為政者にも欠かせない概念のようです。

割合は小学校で習う内包量（第4節参照）の代表格の一つです。

小学校で習う内包量のもう一つは速さですが、これは単位当たり量ですので、割合ではありません。

割合とは、二つの同種の量 A、B に対して、B を基準の量と考えたときの $A \div B = P$ で求められる P のことです。このとき、基準量（もとにする量）B に対して A を比較量（比べる量）といいます。

二つの量の比較には、差を取る方法とこのように割る方法があるわけです。

たとえば、980円とか1980円とかは、差で消費者に安いと見せかける方法です。20円しか違いがないのに、1000円

ではない、2000円ではない、安いと感じさせる心理作戦ですね。

一方、ここで述べる割合はこの後者の場合にあたるわけで、2000円の物が1980円になった場合は100円あたり1円の安さに過ぎません。

小学校の教科書では、割合というのは次のようになっています。

「比較量 A が基準量 B の何倍かというのが割合（P）のことです」

$A \div B = P$ から $A = B \times P$ なので、後者を割合の定義に採用しているということです。

ところが、これがなかなかの曲者で、「倍」という用語と「割合」という用語の日本語での親和性が悪くてわかりにくいのです。どうしても、倍だと増える、割合だと（割る＝減る）というイメージがあるからのようです。それに加えて、生活経験の少ない子どもたちにとって、教科書で出てくる事例などに対する実感がないこともあるようです。それゆえに、実際の課題に即して、基準の量がどれで、比較する量がどれかを見つけるのがなかなか難しいようです。

小学校の教科書に出てくる問題例（数値は変えてあります）を見てみましょう。

（a）ある店の大売り出しで、もとの値段が1200円の商品を960円で売りました。代金は、もとの値段の何倍にあたりますか。

（b）ある小学校の5年生は126人です。そのうち運動クラブに入った人は76人で文化クラブに入った人は50人です。

　　（問題１）運動クラブの人数は、文化クラブの人数の何倍ですか。

　　（問題２）文化クラブの人数は、運動クラブの人数の何倍ですか。

　　（問題３）運動クラブの人数は、５年生全体の人数の何倍ですか。

　これらの他に、先に割合を与えて基準量や比較量を求める問題などがあります。

　小学校ではこの学習が終わってから、歩合（割、分、厘）の定義や百分率の話が出てきます。それゆえに、いわゆる割、割合という言葉の扱いが難しいのです。0.8の割合でという意味と0.8割でという意味を混同してしまいがちになります。逆に、8割というのが0.8のことで、0.8倍のことだったというように、“倍”に戻るのがまた大変なのです。このように、“倍”と“割”の言葉と概念との違いの問題があります。

　算数では、数式だけでなく、概念理解には言葉が重要なのですが、その言葉が日常語と数学用語とでは区別がつきにくく、混乱が起きるのです。

　したがって、割合とは二つの量の比較であり、それは引き算ではなく割り算であり、そのために基準量（もとにする量）と比較量（比べる量）があるという理解が重要なのです。

　さて、先ほどの問題例の(a)に戻りましょう。これは“操作の倍”と呼ばれている問題です。

　つまり、2倍、3倍以外に、1倍より小さな倍があり、その結果がもとよりは小さくなる（収縮）という感覚がないので

す。このとき、基準量は1200円なのですが、1200 ÷ 960と
やってしまうことが多い。この場合は割り算だとわかってい
ても、倍ならば大きくなるという考えからなかなか抜け出せ
ません。1200円という一つの量の収縮ですので、このよう
な倍が操作の倍と呼ばれています。

　次に⒝を見てみましょう。

　問題1と問題2は、二つの量を対比させる問題で、比の概
念とも関係する問題です（割合は5年生で、比の概念は6年
生で習います）。

　この場合は、基準量と比較量がわかればできる問題です。

　問題3は、子どもたちが最も苦手とする問題のようです。

　なぜならば、問題⒜は一つの量の収縮であり、問題1と問
題2は二つの量が分離している（共通の部分はない）ので、
対比させることが容易です。しかし、問題3では、運動クラ
ブの人数は5年生全体の人数の中の一部です。ここがひっか
かるのです。

　5年生全体の人数 ＝（運動クラブの人数）＋（文化クラブ
の人数）ということですので、割合（倍）とはいっても構成
比（分布）の問題です。食塩水の濃度など、苦手な人が多い
のもこの問題です。これは、5年生全体の人数を1としたと
きの運動クラブの人数が占める割合ということです。この全
体を1とする見方が難しいのです。

　教科書には図6-1のような図があり、もとにする量を1と
すると書かれてはいますが、その理由がよくわからないので
す。

　これは、もし5年生全員が運動クラブに入っているとき
は、「5年生全体の人数 ＝ 運動クラブの人数」なので、全体

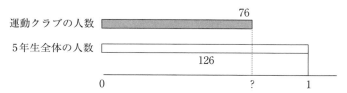

図 6-1

の人数に占める運動クラブの人数の割合は 1 であることを理解させてから、「5 年生全体の人数 ＞ 運動クラブの人数」となったときの全体に占める割合だから 1 より小さくなり、基準量＝ 5 年生全体の人数で、比較量＝運動クラブの人数と考えればよいという理解が必要なのです。

　子どもたちは、ある意味賢くて、＋、－、×、÷しかないので、そのどれかだと思っています。したがって、機械的な計算をして○をもらっても、その意味がわかっていなければ、後々にその概念を使うことができません。

　百分率（％）は比較の基準を 100 とする表現ですし、歩合は 10 を基準とする表現です。それに対して、割合は 1 を基準としているわけです。

　つまり、比較量 A の基準量 B に対する比率 $P = A/B$ が割合なので、比較量と基準量が同じであれば $P = 1$ なわけです。一方、百分率は $P \times 100$ であり、歩合は $P \times 10$ となります。

　以上のように、割合に対してはいろいろな表記（数学用語）が出てきますので、明確な理解が必要です。

　さらに、6 年生になると比の概念が出てきます。

　これは(b)の問題と関連する割合なのですが、これもなかな

か理解が難しいようです。たとえば、次のような問題です。

（c）A君はおじいちゃんからお小遣いを10000円もらいました。おじいちゃんから弟B君と3：2で分けるようにいわれました。弟にはいくらあげればいいですか。

　これは10000円を3対2の割合に按分せよということですが、3：2の記号の意味が小学生にとってはわかりにくいのです。それはどこにも＋、−、×、÷などの演算は出てきません。しかも、小学5年生までは基準量や比較量などが出てきたのですが、比の場合は並列して表記されています。これまでの学習における倍（割合）とどのように関係するのか、皆目見当がつかないのです。

　教科書にはサラダ油と酢でドレッシングを作る例などもあり、工夫はされているのですが、比の相等が比の値の後に出てきますので、比で表現をする理由がわかりにくいと考えられます。

　したがって、次のように比の表現を先にするのも一つの方法でしょう。

　市販の飲み物には「本品1：お湯や水4（お好みの濃さで調整してください）」という説明書きをよく見かけます。これはどちらも液体です。あるカップの量を1として本品1を決めたときのお湯や水の量が4カップだということはわかるでしょう。そこで、「本品2のときに、同じ濃さにするにはお湯や水はどれくらいですか」という問いには、8だとわかるのではないでしょうか？　そこで、「本品の量：お湯や水の量＝1：4、本品の量：お湯や水の量＝2：8という表記は、どちらも濃さが同じことを示していますので、等しいとすることができます。こうして、

　　本品の量：お湯や水の量＝1：4＝2：8
ということです」とします。

　　比の表記の良さは、$a:b = ra:rb$（rは任意の数）という
ところにあります。

　　先ほどの問題の場合は二人のお小遣いの配分でした。これ
はA君とB君のお小遣いの分け方を示したものですと説明
してから、こう問いかけます。「A君とB君の取り分の比が
2：1であることとA君とB君の取り分の比が4：2というの
は同じですか？」。同じだとわかった後に、次のように等し
いとすることができます。

　　　A君の取り分：B君の取り分＝2：1＝4：2

　　それから「A君の取り分：B君の取り分＝3：2というの
は……。B君の取り分を1としたときはどうなりますか」な
どと、考えさせていくのも一つの方法です。

　　さらに、下図のように、取り分を半具体物によって量化し
て図示すれば、もっとわかりやすいかもしれません。

　　このようにA君の取り分とB君の取り分を比較させるこ
とによって、B君の半分の3倍がA君の取り分であることが
わかります。

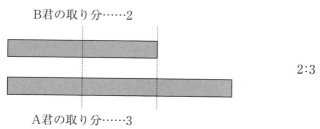

図6-2

そのことから、先ほどの比の説明と併せて $3:2=\frac{3}{2}:\frac{2}{2}=$ $\frac{3}{2}:1$ に気付くかもしれません。

　B君の取り分をもとにしたときのA君の取り分は、（A君の取り分）／（B君の取り分）＝3/2ということになりますが、これが割合ということだったわけで、5年生の割合の学習と結びつくわけです。こうして、3：2というのは、B君の取り分をもとにしたときのA君の取り分が3/2倍であることを示しているので、

　　B君の取り分 ＋ A君の取り分 ＝ B君の取り分 ＋ 3/2
　　×（B君の取り分）＝10000

から、B君の取り分＝4000、A君の取り分＝6000と算出できることになります。

　また、下図は教科書でよく見かける図です。

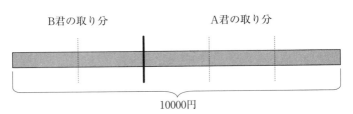

図6-3

　ここから、教科書では10000 ÷ 5 ＝ 2000とし、

　　B君の取り分 ＝ 2000 × 2 ＝ 4000

　　A君の取り分 ＝ 2000 × 3 ＝ 6000

と計算するわけです。これは全体を1とする考え方なので、比の観点からは次のようになりますが、割合との関係の説明

も必要でしょうね。

$$3 : 2 = \frac{3}{3+2} : \frac{2}{3+2} = \frac{3}{5} : \frac{2}{5}$$

比の概念には、比の相等 $a : b = c : d$ という外延的な関係が組み込まれているということです。これが比の良さでもあります。

これは、水 100g に食塩 5g を入れて食塩水を作った場合、水：食塩 $= 100 : 5$ ですが、この食塩水を一さじすくおうが二さじすくおうがその濃度（水と食塩の塩梅）は変わらないということを意味しています。これが比の表す意味でもあります。先ほどの飲み物の例でもあります。

一方で、比が $a : b$ というのは、b を基準量とし a を比較量としたときの割合のことであり、並列的な表記の意味は、a を基準量とし b を比較量としたときの割合のことでもあるわけです。こうして割合の概念と結びつくというわけです。

わかってしまえば、比による表記は非常に便利です。

体系的な比の話は、古代ギリシャの『原論』という書物に出てきます。

『原論』は紀元前 300 年頃にユークリッドという人が編纂した 13 巻からなる数学書です。その時代までに知られていた数学の公式や定理を論理的で演繹的な手法により編纂したもので、学問方法の典範として後世に多大な影響を与えます。ニュートンの物理学書『プリンキピア』も『原論』の形式で書かれているとのことです。

『原論』の第 V 巻（量の理論）に比の話があります。現代的にいえば、実数論と呼ばれるものです。

ここでは量というのは定義されてはいないのですが、二つ

の量の比とは同種の二つの量の大きさの間の関係のことであり、二つの量 a と b に対して、その比 $a : b$ とは今日的には「b を単位として測るとき、a を表わす数」（彌永昌吉著『数の体系（上）』 岩波書店 1972）という意味です。もちろん、a を基準として考えてもいいのです。いずれにしても、量の比 $a : b$ によって一つの数 x が定まるということです。量 $a = x \times$ 量 b というわけです。当時は、比というのは数を定める方法でした。したがって、割合の話から比が出てきたわけではありません。

　私たちは日々さまざまな割合に囲まれて過ごしており、いやが応でもそれに向き合わざるを得ません。大学生でも割合は苦手のようですので、確かな理解ができるようにしたいものです。

　徳川家康は「百姓共をば、死なぬ様に生きぬ様にと合点致し収納申しつくる様」（大道寺友山著『落穂集』）といったと伝えられています。すでに五公五民といわれている今日、税金の取り立て方や使われ方について深く考えられる賢い市民になりたいものです。

第 **2** 部

方程式から考える
有理数、無理数、さらに複素数

整数の仕組みを理解するために、ユークリッド互除法から解説し、不定方程式を解きます。続いて、有理数（分数）、無理数（無限小数）との関係を明らかにした後、数学上の画期的発明である座標を使って関数のグラフと方程式との関係性を感覚的に捉えます。さらに、2次方程式の解の公式から、実数を複素数へと拡張します。数の拡張によって、代数方程式は複素数の範囲で必ず解を持つのです。

07 | 算術の基本定理と素数
エラトステネスのふるい

　ここでは自然数の性質について考えてみます。

　1, 2, 3, …という数が**自然数**です。0を含めて自然数ということもありますが、ここでは0は含めません。記号的に自然数の集合を N と書きます。

　自然数の特徴は、足し算と掛け算が自由にできるということです。引き算では小さい数から大きい数を引くことができません。また、割り算にも制約があります。

　すべての自然数は、1＋1＋1＋…＋1という具合に、1の足し算で得られます。それゆえ、1のことを単位と呼んでいます。

　もう一つの演算である掛け算を考えたとき、自然数はどう書けるのかというのがここでの話題です。

　そこで大切な概念の一つが素数です。

　素数とは、1と自分自身以外に約数を持たない数のことです。1は素数とはいいません。

　自然数を掛け算から考えたときには次のように書けるということです。

　「1より大きな自然数は素数の積で書けて、それは順序を無視してただ一通りである」別の言い方をすれば、「素数の積に分解できて、その仕方はただ一通りである」ということです。これは「**算術の基本定理**」と呼ばれています。これは前

述したユークリッドの『原論』にあります。

　自然数を素数の積に分解することを**素因数分解**といいます。

　たとえば、360 ＝ 2×2×2×3×3×5 のように表し、これが360の素因数分解です。

　ここで重要なのは分解の一意性（ただ一通りであること）です。これは素因数分解の一意性といいます。

$$360 = 2 \times 2 \times 2 \times 3 \times 3 \times 5$$

$$360 = 10 \times 36 = 5 \times 2 \times 4 \times 9 = 5 \times 2 \times 2 \times 2 \times 3 \times 3$$
$$\qquad = 2 \times 2 \times 2 \times 3 \times 3 \times 5$$

$$360 = 180 \times 2 = 90 \times 2 \times 2 = 3 \times 30 \times 2 \times 2$$
$$\qquad = 3 \times 3 \times 10 \times 2 \times 2 = 3 \times 3 \times 2 \times 5 \times 2 \times 2$$
$$\qquad = 2 \times 2 \times 2 \times 3 \times 3 \times 5$$

　どのように分解していっても、素数2が3個、素数3が2個、素数5が1個ということは変わらないわけです。これがただ一通り（一意）であるという意味です。

　一意性を厳密に証明したのは、後のドイツの数学者カール・フリードリヒ・ガウス（1777-1855）のようです。

　掛け算という演算に関しては、素数は自然数を構成する素（もと）になる数であるということです。これがすべての自然数で成立する基本定理というわけです。

　物理や化学では基本粒子や元素などを調べ、その個数や組み合わせが重要な意味を持ちます。クオークという基本粒子の数を予言した益川敏英さん（故人）と小林誠さんがノーベル物理学賞を受賞されたのは記憶に新しいところです。

　そこで、素数に関する古代の話を紹介しておきましょう。『素数物語　アイディアの饗宴』（中村滋著　岩波書店

2019）によると、古代ギリシャの人は次のように小石を並べる問題を考えたようです。

　正方形や長方形の形に並べられるのはどのような自然数の場合であるかという問題です。

```
1  :  ○
2  :  ○  ○
3  :  ○  ○  ○
4  :  ○  ○
      ○  ○
5  :  ○  ○  ○  ○  ○
6  :  ○  ○  ○
      ○  ○  ○
7  :  ○  ○  ○  ○  ○  ○  ○
            ⋮
```

図 7-1

という具合です。

　このとき、1, 2, 3, 5, 7 は正方形や長方形にできない数なので、第一の数と呼んだということです。これをいまは1を除いて素数と呼んでいるわけです。

　一方で、4, 6 は正方形や長方形にできる数です。これを第二の数と呼んだということです。いまは**合成数**と呼んでいます。その理由は、4, 6 というのは、この図形の小石の総数を求めるのに掛け算が使えるからです。

　4 は横に 2 個あり縦に 2 個あり、2×2 です。

　6 は横に 3 個あり縦に 2 個あり、2×3 です。

　第一の数の 2 でも 1×2 となりますが、これはすべての数

にいえる性質なので、掛け算で自然数を特徴づけることにはなりません。

こうして、正方形や長方形に並ぶ場合は、1以外の数の積に書けるので合成数といい、そうでない場合は1×2のようにしか書けないので素数というわけです。

このように、自然数は合成数と素数の2種類の数として分類されます。

なぜ、正方形や長方形に並べることを考えたのでしょう。

古代文明では、その発祥の古くから数を使っていました。

それは実用上どうしても必要であったからです。必要は発明の母ということです。

ところが、ある時期から、上に述べたように、実用性とは別に数そのものを探究する人々が現れました。それはピタゴラスの定理で知られているピタゴラス学派の人たちでした。ピタゴラスは紀元前572年頃に古代ギリシャのサモス島で生まれてミレトスのターレスに学び、ターレスの勧めで数学と天文学が盛んであったエジプトに遊学したといわれています。帰国後にイタリアのクロトンに、算術、幾何学、天文学、音楽の4科を学ぶ学校を作ったのです。その学校で学ぶ人たちはピタゴラス学派と呼ばれていました。彼らは、「数学の諸原理があらゆる事物の諸原理でなければならないと考えた」とのことで、その哲学は「万物は数である」というものでした。

正五角形にちなむ星形の徽章（ペンタグラム）がそのシンボルだったようです。

彼らは小石を三角形や四角形に並べて（これを図形数ともいう）、自然数に関するいろいろな性質を導き出しました。

奇数や偶数という分類も彼らによってなされていたようです。

三角数というのは、下図のように小石を三角形に並べたものです。

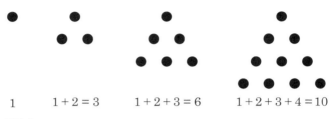

1　　　　　$1 + 2 = 3$　　　　$1 + 2 + 3 = 6$　　　　$1 + 2 + 3 + 4 = 10$

図 7-2

一般に $1 + 2 + 3 + \cdots + n = n(n+1)/2$ を三角数と呼んだのです。

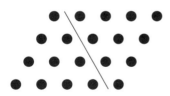

図 7-3

上のように4段積みの三角数の場合は、それを二つ、図のように合わせることで、

$$四辺形の石の個数 = 4 \times (4 + 1)$$
$$= (4段積みの三角数) \times 2$$
$$4段積みの三角数 = 1 + 2 + 3 + 4$$
$$= \{4 \times (4 + 1)\} \div 2 = 10$$

このようにして $1 + 2 + 3 + \cdots + n = n(n+1)/2$ という公式を導くことができます。数は形と深く関わっていると考えたのです。

長方形に並べることの可否から、素数と合成数の2種類に数を分類できることを発見したというのも頷けます。

小石で遊ぶのを侮ってはいけません。

このように数の性質を理論的に追究したのはピタゴラス学派の人が最初のようで、それがユークリッドの『原論』にまとめられているのです（『原論』の第7巻〜第9巻）。

註：素数の概念はすでに紀元前2600年頃〜紀元前2000年頃のシュメール人の時代に存在したとのことです（室井和男著　中村滋コーディネーター『シュメール人の数学』 共立出版　2017　pp.20-23）。

ところで、素数は10000まででは1229個あります。

実は、その個数は無限個なのです。上に述べた『原論』の中で証明がなされています。

現代流に述べると次のようになります。

「素数が有限個だった」と仮定して矛盾に導く方法です。

いま有限個（n 個とします）の素数を p_1, p_2, p_3, $\cdots$, p_n とします。

その積 $p_1 p_2 p_3 \cdots p_n$ より一つ大きい数 M を考えます。つまり、$M = p_1 p_2 p_3 \cdots p_n + 1$ です。

ところが、このとき M は素数になります。それは以下の理由によります。

もし、M が素数でないとすると合成数なので、1と自分以外に約数を持つことになります。合成数は必ずある素数で割り切れることがわかります。ところが、素数は上記の n 個しかないのですが、どれで割っても1余ります。ということ

は、どの素数でも割り切れないことになります。これはMが合成数であることに反しますので、素数でしかありえないということです。

つまり、素数がn個だと仮定するとそれらとは異なった新しい素数Mが存在することになりますので、これは矛盾です。こうして素数は無限個あることになるのです。

素数は無限にあるのですべてを探すことはできませんが、素数を探してみたいという思いに駆られます。

現在はコンピューターがあるので探す手段がありますが、残念ながら素数を探すうまい方法があるわけではありません。

古くから知られている方法としては、エラトステネスのふるいというのがあります。

エラトステネス（紀元前276頃〜紀元前194頃）は古代ギリシャの天文学者です。

その方法は2以上の整数を並べ、2を残して一つ置きに数を消し、次に残った最初の3を残し、二つ置きに数を消し、次に残った最初の5を残して4つ置きに消していきます。素数でもって、次々と消去を実行して残った数が素数です。

恐ろしく悠長な方法に見えますが、素数を探す一般的方法としては効率はよいのです。

この方法では、N以下の自然数に対しては$\sqrt{N}$以下の素数で試せば十分です。つまり、100以下であれば、$\sqrt{100} = 10$以下の素数2, 3, 5, 7で試せば十分なのです。実際、実行していただくと、100以内の素数が25個見つかります。

それはなぜかといいますと、N以下の自然数nが合成数で$n = pq$と書けたとします。

　いま、$1 < p \leqq q < n$ とします。このとき、$p^2 \leqq pq = n$ $\leqq N$ なので、$p \leqq \sqrt{N}$ となります。もし p が素数であれば それは $\sqrt{N}$ より小さい。もし p が合成数であれば、ある素数 r で割れることになり、n は素数 r で割り切れるので、素数 r はやはり $\sqrt{N}$ より小さい。こうして、$\sqrt{N}$ 以下の素数で試せ ばよいことになります。

　歴史的には代数式で素数を作り出すことが試みられてきま したが、そうは問屋が卸さないようです。R. クーラント＆ H. ロビンズ著『数学とは何か』（岩波書店　1966　pp.28-29）には次のような例があります。

　$0 \leqq n \leqq 40$ ならば、代数式 $(n^2 - n + 41)$ は素数になりま す。また、$0 \leqq n \leqq 79$ ならば、代数式 $(n^2 - 79n + 1601)$ は 素数になります。

　一般には、与えられた数が素数であるか否かを判定するの は難しいのです。

　しかし、皮肉にも現代ではそのこと自体がとても大切な性 質として重宝されています。

　今日はカード時代となり、カードの情報を保護する方法が とても重要になっています。そして、その秘密が漏れないよ うにするためには暗号が必要になります。その暗号法に素数 が大活躍しているのです（暗号については第28節参照）。

　現代は、誰も予測できなかった数学の時代といえるでしょ う。

08 | 最大公約数と ユークリッド互除法
あなたも壁貼り職人

　前節で、算術の基本定理の話をしました。

　それは、自然数がどのようにできているのかという組成の話でしたが、そのもとになる数が素数でした。ここでは、自然数を含む整数について考えます。

　前述したように自然数とは1, 2, 3, …といった、単位1から1＋1＋1＋…という具合に、足し算で生成される数でした。整数とは、自然数に負の数である−1, −2, −3, …と0を含む数のことです。

　一つ一つの数の性質はもちろんですが、いくつかの数に関する共通の性質はどうなっているかなどの関係性を調べることで、さらなる数の性質を知ることになり、数への興味が深まるかと思います。

　数に関する演算は、足し算、引き算、掛け算、割り算ですが、ここでは掛け算、割り算から見た数の性質ということになります。

　いま1年を365日とします。1週が7日ですので、365を7で割ると52余り1ということになります。ここに除法（割り算）が出てきます。

　つまり、結果は52週と1日ということです。

　算数などでは、「$365 \div 7 = 52 \cdots 1$」とか「$365 \div 7 = 52$ 余り1」とか書いていますが、あまりいい表記法とはいえませ

ん。というのは、割り切れる数の場合の表記は「$364 \div 7 = 52$」です。この式は運用するうえで何の支障もありません。しかし、前者は単なる便宜上の表記であり、数学で使用する演算式としては扱えないのです。子どもたちは、演算式なのか表記の方法なのかの統一性がないために、最初は戸惑ってしまいます。

　除法記号（$\div$）という演算記号で処置するには無理があるのです。そこで、余りがある場合を含めての数学的な表記は、除法記号（$\div$）を使わず、次のようにします。

$$365 = 7 \times 52 + 1$$

52 のことを商といい、1 のことを余り（剰余）というわけです。この並びとして、$364 = 7 \times 52$ とするのは何の問題もありません。それは、$364 = 7 \times 52 + 0$ ということですから。

　一般には、「二つの整数 a と $b\,(> 0)$ を考えたとき、次の等式を満たす整数 q と整数 $r\,(0 \leq r < b)$ がある」ということを次のように表記します。

$$a = b \times q + r \qquad 0 \leq r < b \qquad \text{(ア)}$$

除法記号（$\div$）はどこにも出てきませんが、これを「除法の定理」と呼んでいます。つまり、a を b で割ったときの商が q で余りが r ということです。

　これが、二つの数（いまの場合は整数）a と b が与えられたときの関係性の一つです。

　特に、$r = 0$ の場合である $a = b \times q$ のとき、b を a の**約数**、a を b の**倍数**といいます。

　また、$a = 1 \times a, a = a \times 1$ ですので、1 や a も a の約数に含めます。

いま述べた除法の定理から、約数や倍数の概念が出てきました。つまり、二つの数を考えたときには、一方が他方の約数であるかまたは倍数であるか、そうでないかのいずれかの関係性が成り立つということです。

　さて、いま二つの数365と12を考えて、その関係性を約数の立場からみてみます。

　365は12で割り切れませんから、直接的な約数または倍数の関係性はありません。そこで、この二つの数の素性を知るために**素因数分解**（素数の積に分解）をしてみます。

$$365 = 5 \times 73$$
$$12 = 2 \times 2 \times 3$$

　このとき、5と73は365の（素数の）約数となります。また、2と3は12の（素数の）約数になります。365の約数はそれ以外に1がありますので、自分自身も含めると1, 5, 73, 365がすべての約数です。一方、12は1, 2, 3, 4, 6, 12がすべての約数となります。

　　365の約数：1, 5, 73, 365
　　 12の約数：1, 2, 3, 4, 6, 12

　こうして、365と12には1以外の共通の約数がないことがわかります。このようにお互いに1以外に共通の約数がない場合に365と12は**互いに素**といいます。

　1年は365日で12ヵ月ですが、数的にはお互いは素っ気ない関係なのです。

　では、364と12を素因数分解してみてみましょう。

$$364 = 2 \times 2 \times 7 \times 13$$

　　364の約数：1, 2, 4, 7, 13, 14, 26, 28, 52, 91, 182, 364
　一方、12は次のとおりです。

　　12 の約数：1, 2, 3, 4, 6, 12

　したがって、364 と 12 の共通の約数は、1, 2, 4 ということになります。この中で最も大きな共通の約数は 4 です。これを 364 と 12 の**最大公約数**と呼んでいます。

　最小の公約数は常に 1 なので、特別にこれを最小公約数とはいいません。

　最大公約数は次のような問題で使われます。

　問．横の長さが 385 cm で縦の長さが 105 cm の壁があります。ここに正方形のタイルを隙間なく貼りたいのです。この壁に 1 cm × 1 cm の正方形のタイルが貼れるのはいうまでもありません。しかし、それは小さすぎて数が多くなりますので、この壁を隙間なく貼ることのできる正方形タイルで最大のものを求めてください。

　もし、そのような正方形タイルが見つかったとしますと、横と縦にその正方形が隙間なく並んでいますので、このタイルの 1 辺の長さは横 385 cm と縦 105 cm の約数だということになります。つまり、1 辺の長さは 385 と 105 の共通の約数であるということです。

　そこで、まず 385 と 105 の共通の約数を求めて、その中で最大のものを求めればよいことになります。つまり、この問題は 385 と 105 の最大公約数を見つければ解決します。

　そこで、385 と 105 のそれぞれの素因数を求めてみます。

$$385 = 5 \times 77 = 5 \times 7 \times 11$$
$$105 = 5 \times 21 = 3 \times 5 \times 7$$

　このことから、双方に共通の約数は、1, 5, 7, 5 × 7 = 35 となりますので、最大のものは 35 です。よって、答えは 35 cm サイズのタイルということになります。

このように素因数分解を行うことで最大公約数を見つけることができますが、別の方法が古くから知られています。それが**ユークリッド互除法**（紀元前3世紀頃）なのです。

これは、簡単にいえば、「余りで余りを割っていく方法」です。

①385を105で割ります。商が3で余りが70になります。

$$385 = 105 \times 3 + 70$$

②105を70（余り）で割ります。商が1で余りが35になります。

$$105 = 70 \times 1 + 35$$

③70を35（余り）で割ります。商が2で余りは0です（割り切れるということです）。

$$70 = 35 \times 2$$

このとき、このプロセスが終了します。

終了したときの余り35が、求める最大公約数だということです。

つまり、このプロセスが終了したときの最後の余りである35が最大公約数になります。

この理由は次のように説明できます。

385と105の最大公約数をnとしましょう。

$$385 = n \times a \qquad 105 = n \times b \qquad とすると$$

①式より、$n \times a = n \times b \times 3 + 70 \quad \Leftrightarrow \quad n \times (a - 3b) = 70$

　このことより、nは70の約数にもなります。

②式より、$n \times b = n \times (a - 3b) \times 1 + 35 \quad \Leftrightarrow \quad n(4b - a) = 35$

　このことより、nは35の約数にもなります。

　①②式より、nは70と35の公約数になります。

　③式より、70 は 35 で割り切れてしまいますので、70 と
35 の最大公約数は 35 ですので、$n = 35$ となります。
　こうして、求める最大公約数は $n = 35$ というわけです。
　以上で行ったプロセスをユークリッド互除法と呼んでいま
す。
　これは分数を生みだす原理でもありました（第 5 節）。
　分数では、基準 1 と与えられた数との共通尺度を求める方
法でしたが、ここでは与えられた二つの数（自然数）の共通
因数を求める方法にもなるわけです。つまり、2 数の最大公
約数を求める方法の一つでもあるのです。
「タイル貼りの技術がいいという評判で別の注文がきまし
た。今度の壁は 245 cm と 173 cm です。このときの最大の正方
形のタイルのサイズは？」
　これは、先ほどの問題と同じですから 245 と 173 の最大公
約数を求める問題です。
　そこでユークリッド互除法を使ってみましょう。
　いま、245 と 173 の最大公約数を n とします。
①245 を 173 で割ります。商が 1 で余りが 72 になります。

$$245 = 173 \times 1 + 72$$

　　→　$72 = 245 - 173 \times 1$ なので、72 は n で割り切れま
　　　　す。こうして、最大公約数 n は 245, 173, 72 の公
　　　　約数になります（＊1）。
②173 を 72（余り）で割ります。商が 2 で余りが 29 にな
　ります。

$$173 = 72 \times 2 + 29$$

　　→　$29 = 173 - 72 \times 2$ であり、（＊1）より、最大公
　　　　約数 n は 173, 72 の約数なので、29 の約数にもな

ります。こうして、最大公約数nは、245, 173, 72, 29の約数になります（＊2）。

③72を29（余り）で割ります。商が2で、余りは14です。

$$72 = 29 \times 2 + 14$$

→　$14 = 72 - 29 \times 2$であり、（＊2）より、最大公約数nは72, 29の約数なので、14の約数にもなります。こうして、最大公約数nは245, 173, 72, 29, 14の約数になります（＊3）。

④29を14（余り）で割ります。商が2、余りが1です。

$$29 = 14 \times 2 + 1$$

→　$1 = 29 - 14 \times 2$であり、（＊3）より、最大公約数nは29, 14の約数なので、1の約数にもなります。

しかし、最大公約数nが1の約数になるということは、$n = 1$ということにほかなりません。

こうして、245, 173の最大公約数は1ということです。

つまり、この壁は1cmの正方形タイルでしか貼れないということになります。

ここでわかることは、このプロセスで④のように余り1が出てきた場合には、二つの数の最大公約数は1になるということです。このプロセスはここで終わりです。

二つの数の最大公約数が1となる場合に、この二つの数は互いに素であるといいます。

245と173は公約数が1しかない、互いに素な数であったということです。

二つの数の公約数を求めるには素因素分解すればよいので

すが、それが大変な場合はユークリッド互除法の方が簡単で確実です。それだけではなく、ユークリッド互除法を用いて最大公約数を求める方法からは、数の理論（数論）において基本的で重要な副産物がもたらされるのです。

　それを次節で説明しましょう。

09 | 不定方程式と ユークリッド互除法
小学生も挑戦

　ここではディオファントス方程式の話題についてお話ししましょう。

　係数が整数である多変数の方程式で整数解を求める問題をディオファントス問題といいます。そして、そのための方程式をディオファントス方程式といいます。

　ディオファントスについては後ほど説明しますが、250年頃にエジプトのアレキサンドリアで活躍した古代ギリシャの数学者で生没年不詳です。「代数学の父」と呼ばれています。

　小学6年生の算数では、次のような問題が出てきます。
「1箱3個入りのドーナツと2個入りのドーナツが売られています。子ども会でドーナツ30個が欲しいとき、それぞれ何箱買えばよいですか？」

　3個入りをx箱、2個入りをy箱とすれば、次のような方程式ができます。

$$3x + 2y = 30 \quad （ア）$$

　未知数が2つで方程式が2個であれば普通の連立方程式ですが、このように未知数が2個で、方程式が1個の方程式はxとyに数値を入れて求めていくしか方法がないようにみえます。このような方程式がディオファントス方程式です。一般には**不定方程式**といいます。

　算数の場合は、数表を書いて答えを見つけます。まず$x =$

$0, y = 15$ や $x = 10, y = 0$ は、すぐわかります。小学生でも次のようにして解けます。

x	1	2	3	4	5	6	7	8	9
y	27/2	12	21/2	9	15/2	6	9/2	3	3/2

図9-1

　ところが、次のような子どももいます。

　この問題について質問をされたお父さんは、教科書のように表を使って説明したそうです。すると、"教科書の解き方は知っている。それでいつも答えがうまく見つかるのか？ その理由を教えて"というのです。いやいや、子どもは予想以上に鋭いのです。この問題にどこか作為的な匂いがしたのでしょうし、関心もあるようです。

　確かに、ディオファントス方程式にはいつも解があるとは限りません。

　(ア)は上の表のように整数解を持ちます。しかも、ただ一通りではありません。

　ここからは、この子どもさんの質問に答えることにしましょう。この問題の解き方は、前節で紹介した最大公約数を求めるユークリッド互除法と密接な関係があります。

　まず、最初に次のような定理を紹介しましょう。

　二つの正の整数 a, b の最大公約数を d とするとき、次の等式を満たす整数 u, v がある。

$$ua + vb = d \quad (イ)$$

いま、$a = 385, b = 105$ として考えてみましょう。

これは前節の壁貼りの問題の数値です。最大公約数は35でした。

そこで、そのときのユークリッド互除法のプロセスを振り返ってみます。

①$385 = 105 \times 3 + 70$ （385を105で割る）

②$105 = 70 \times 1 + 35 = 70 + 35$ （105を①の余りの70で割る）

③$70 = 35 \times 2$ （70を②の余りの35で割る）

こうして、③式で、35が最大公約数であることが決まりました。これが互除法です。

そこで、②式から $70 = 105 - 35$ とし、この式を①に代入します。

$385 = 105 \times 3 + 70 = 105 \times 3 + 105 - 35 = 105 \times 4 - 35$

$385 - 105 \times 4 = -35 \quad \Leftrightarrow \quad (-1) \times 385 + 4 \times 105 = 35$ （∗）

（∗）より、(イ)を満たす u, v は $u = -1, v = 4$ ということになります。このように(イ)の性質はユークリッド互除法から出てくるわけです。

(イ)の特別の場合として、次のこともわかります。

二つの正の整数 a, b が互いに素であれば（すなわち最大公約数が1）、$ua + vb = 1$ を満たす整数 u, v がある。 (ウ)

前節の245, 173の最大公約数は1でした。つまり、互いに素です。

そのときのユークリッド互除法のプロセスを振り返ってみ

ます。

$$245 = 173 \times 1 + 72$$
$$173 = 72 \times 2 + 29$$
$$72 = 29 \times 2 + 14$$
$$29 = 14 \times 2 + 1$$

このプロセスを逆にたどるのです。

$$1 = 29 - 14 \times 2 \quad \rightarrow \quad 1 = 29 - (72 - 29 \times 2) \times 2$$
$$= 29 \times 5 - 72 \times 2$$

$$\rightarrow 1 = 29 \times 5 - 72 \times 2 = (173 - 72 \times 2) \times 5 - 72 \times 2$$
$$= 173 \times 5 - 72 \times 12$$

$$\rightarrow 1 = 173 \times 5 - 72 \times 12 = 173 \times 5 - (245 - 173 \times 1) \times 12$$
$$= 173 \times 17 - 245 \times 12$$

こうして、$1 = 173 \times 17 + 245 \times (-12)$ となります。

これらの性質(イ)(ウ)は、数論で頻繁に使われる基本的な性質なのです。

そこで、小学校の問題に戻ります。

(ア)の左辺を見てもらうと $3x + 2y$ であり、3 と 2 は互いに素です。

したがって、(ウ)から $3u + 2v = 1$ となる整数 u, v があることになります。

ここで、(ア)の右辺は 30 ですので、上の式の両辺を 30 倍すれば $3(30u) + 2(30v) = 30$ となりますので、$x = 30u, y = 30v$ として解が求まることになります。しかし、$3u + 2v = 1$ である整数 u, v はどちらかが負でないと成り立たないことは明らかです。したがって、$x > 0, y > 0$ となる解を求めるには工夫が必要になります。

そこで次のように解くわけです。

①係数 $a = 3$, $b = 2$ の最大公約数は1です。

したがって、(ウ)より $ua + vb = 1$ を満たす整数 u, v があります。

$u = 1$, $v = -1$ とすればよいわけです。

$$3 \times 1 + 2 \times (-1) = 1$$

　　　方程式の係数　　　最大公約数

②そこで、両辺を30倍します。

$$3 \times 30 + 2 \times (-30) = 30$$

最初の方程式は $3x + 2y = 30$ です。

③

$$
\begin{array}{rcll}
3 \times x & + & 2 \times y & = 30 \\
-) \quad 3 \times 30 & + & 2 \times (-30) & = 30 \\
\hline
3 \times (x - 30) & + & 2 \times (y + 30) & = 0 \quad ④
\end{array}
$$

④を変形します。$3 \times (x - 30) = -2 \times (y + 30)$　⑤

⑤より、3と2は互いに素なので、$(x - 30)$ は -2 で割り切れなければなりません。

よって、$(x - 30) = -2k$　（k は任意の整数）とおけます。

これを⑤に代入して、

$-6k = -2 \times (y + 30)$ → $3k = y + 30$

$(x - 30) = -2k, 3k = y + 30$

⇒ $x = -2k + 30, y = 3k - 30$　（k は任意の整数）

実は、この最後の式が(ア)の一般解といわれるものです。

k に適当な整数を入れて出てくるすべての数値が、(ア)の整数解というわけです。

つまり、無数の解があるということになります。

この算数の問題の場合は $x \geqq 0$, $y \geqq 0$ なので k の範囲が決まります。

$x = -2k + 30 \geqq 0$ と $y = 3k - 30 \geqq 0$ から、$\frac{30}{3} = 10$ $\leqq k \leqq \frac{30}{2} = 15$ の範囲の整数です。

$k = 10, 11, 12, 13, 14, 15$ ということになりますので、答えは次の6通りになります。

$k = 10$ のとき、$x = 10, y = 0$

$k = 11$ のとき、$x = 8, y = 3$

$k = 12$ のとき、$x = 6, y = 6$

$k = 13$ のとき、$x = 4, y = 9$

$k = 14$ のとき、$x = 2, y = 12$

$k = 15$ のとき、$x = 0, y = 15$

算数のように表を書いて答えを見つける場合でも、$x = 1$ から順次代入して y の値を求めますので、結構手間がかかるのです。

そこで、この方程式の一般的な定理を述べておきましょう。

次のような不定方程式を考えます。$|a|$ は「a の絶対値」という意味です。

$$ax + by = c \quad (a, b, c は整数とする)$$

この方程式が整数解を持つための必要十分条件は、$|c|$ が $|a|$ と $|b|$ の最大公約数で割り切れることである。

これに照らせば、先ほどの小学校の問題は $a = 3$, $b = 2$, $c = 30$ なので整数解を持ちます。こうして、先ほど表で求めたように整数解が見つかることになるのです。

子どもたちに説明するのは少しシンドイですかね。

係数 $|a|$, $|b|$ の最大公約数で $|c|$ が割り切れない場合は、整数解がありません。たとえば、ドーナツ1箱4個入りと8個入りの箱があり、合計で30個買うとしたら、その方程式は $4x + 8y = 30$ となりますが、この場合には整数解は存在しません。また、正係数の不定方程式 $ax + by = c$ を考えたとき、その係数 a, b が互いに素であれば常に整数解を持ちます。

　ちなみに、ユークリッド互除法を使うのは古代ギリシャに限ったことではなくて、中国では『孫子算経』（300〜500年頃）の中に中国剰余定理というのがあります。またインドの『アーリヤバティーヤ』（499年）という本にも見られるということです。どのように伝わったかは不明ですが、有用な方法であったわけです。

　ところで、ディオファントスの書物は13巻からなるようですが、初めの6巻のみが伝わっており、そこでは多くの問題が系統的に配列されて、理論的な説明がされており、彼は最初の本格的な代数学者だったといわれています。

　ディオファントスが、古代ギリシャの偉大な数学者たちの最後の一人だといわれるのは、ギリシャ文化を継承したローマ帝国が4世紀にキリスト教を受容して、ギリシャの学問は異教徒的だとみなされたからです。その結果、かの有名な、巨大な知の拠点だったエジプトのアレクサンドリア図書館が焼き払われ、古代ギリシャの文化と学問が滅びてしまいました。しかし、ひそかにローマを逃れた人々によって、アラビアに伝わり、中世のルネサンス期になって、古代ギリシャの文化は復興します。そうして今日の科学文明に繋がっていくのです。

『ギリシャ詞華集』の第7巻にあるディオファントスの墓碑銘は次のようになっているそうです。
「一生の1/6を幼年時代、1/12を青年時代として過ごし、さらに1/7を経て結婚し、5年後に息子が生まれ、その子が父の生涯の半分に達したときに死亡し、その後4年間だけ生きた」さて、ディオファントスは何歳まで生きたのでしょうか？（答え：84歳）

最後に、小学生も解くという不定方程式に挑戦してみてください。

問．$169x + 117y = 13$ の整数解を求めなさい。

まず、両辺は13で割れますので、$13x + 9y = 1$ を解けばよいことになります。13と9は互いに素なので解が存在します。

①13を9で割りますと商が1で余りが4です。
$$13 = 9 \times 1 + 4$$
②9を4で割ります。$9 = 4 \times 2 + 1$

この最後の式から、$1 = 9 - 4 \times 2$

①式から $4 = 13 - 9 \times 1$

この式を前の式に代入します。

$1 = 9 - 4 \times 2 = 9 - (13 - 9 \times 1) \times 2 = 9 \times 3 - 13 \times 2$
$\quad = 13 \times (-2) + 9 \times 3$

したがって、$x = -2, y = 3$ が求める解の一つです。

ただし、これはたくさんある解の一つにすぎませんので、次のようにして一般解を求めます。

$$13x + 9y = 1 \qquad 13 \times (-2) + 9 \times 3 = 1$$

上式を引き算します。

$$13\,(x+2)+9\,(y-3)=0 \quad \Rightarrow \quad 13\,(x+2)=9\,(3-y)$$

13と9は互いに素なので、$x+2$は9で割り切れることになります。

そこで$x+2=9t$（tは任意の整数）とおけば

$$3-y=13t\text{ですので、}$$

一般解は、$x=9t-2,\ y=-13t+3$（tは任意の整数）となります。

10 | 有理数と無理数
√2＋√3はどうする

　実数とは**有理数**と**無理数**を併せたものの総称です。

　普通に親しんでいる数は実数と呼ばれるもので、自然数や整数はもちろんですが小数や分数も含んでいます。ここでいう分数というのは、整数／整数と表記できる数のことを指しています。自然数や整数も分母を1とすれば分数だといえます。分数のことを有理数と呼び、有理数以外の実数のことを無理数といいます。

　中学生以降になると実数／実数といった分数も扱いますので、厳密には分数よりは有理数という言い方がいいでしょうね。

　なぜ、有理数以外（無理数）が必要かといいますと、数には物の個数を示す集合数以外に、長さや重さや体積などのような連続量を測定して得られる数があるからです。

　これらの実験値や測定値は、使用目的に合わせて必要なところまでで終わっています。厳密な測定値を求めようとしたら、いつまでたっても測定が終わらない可能性があります。

　そこは、科学と数学の違いでもあります。

　円周率を3.14で済ますのか、あくまでその数値を厳密に求めようとするのか？

　科学上の使用には3.14で事足りれば、それ以上を知る必要はないわけです。しかし、あくまで厳密に求めて、小数で

示したければ（ここでは十進小数を考えます）、無限に続くことを覚悟しなければなりません。

　すでに述べたとおり、円周率は3.141592653589…と無限に続きます。しかし、円周率は直径を1としたときの円周の長さでもあるわけですから、そのような長さの存在は認めなければなりません。そこで、数学ではこのように無限に続くものも数として認めようという寛容の精神で進むのです。ただ、どのような事態が起きるのかまでは想定していません。円周率は整数／整数（有理数）では書けないことは証明されていますので、無理数といっています。無理に数にしようというわけですかね。その意味ではうまい命名のようにも思えますが、英語で有理数はrational numberで無理数はirrational numberといいますから、もともとはrational numberではない数という意味です。rationalのratioは比という意味ですので、「有比数」とでも訳せばよかったともいわれています。漢字は表意文字ですので良い面と困る面と両面ありますね。

　数として表記しようにも表記できないので、円周率には記号πを使うのです。そのような例は私たちの身の回りにいくらでもあります。

　$\sqrt{2}$は1辺を1とした正方形の対角線の長さです。$\sqrt{3}$は1辺を2とした正三角形の高さです。$\sqrt{5}$は直角を挟む2辺が1と2である直角三角形の斜辺の長さです。

　そもそも、この$\sqrt{}$をつけるのは、記号πと同じ事情なのです。$\sqrt{2}$は、$\sqrt{2} \times \sqrt{2} = 2$となる数の記号です。

　これらの長さを数字で書こうとすると切りがありません。つまり、$\sqrt{2},\ \sqrt{3},\ \sqrt{5}$は無理数なのです。私たちは無理な

数に囲まれて過ごしているのです。

そこで$\sqrt{2}$について考えてみます。

まず、$\sqrt{2}$は1辺の長さが1の正方形の対角線の長さです。

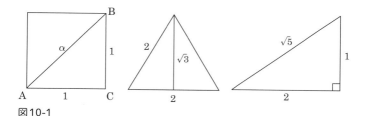

図10-1

　そこで、正方形の対角線の長さを未知として考えてみます。

　ABの長さをαとします。三角形ABCの面積は正方形の半分ですので、1/2です。

　三角形ABCの面積は（底辺 × 高さ × 1/2）です。底辺はAB$= \alpha$、高さは対角線の半分（$= \alpha \times 1/2$）

　こうして、$\alpha \times \frac{1}{2}\alpha \times \frac{1}{2} = \frac{1}{2}$より$\alpha^2 = 2$となります。AB > ACであり、AB < AC + BCなので、αは1と2の間の数ですが、これは有理数（＝ 整数 / 整数）ではありません。

　それは、次のようにして示すことができます。

　もし、αが有理数であれば$\frac{n}{m}$と書けます。ただし、m, nは整数です。

　図からもわかるように、αは1よりは大きいので、$n > m \geqq 1$です。また、m, nは互いに共通の約数を持たないとしていいでしょう（共通の約数があればそれで割っておくという前提にします）。

$\alpha^2 = 2$ ⇒ $n^2 = 2m^2$ ⇒ n^2 は偶数 ⇒ n は偶数でなければならない。なぜならば、数は奇数か偶数のどちらかです。もし、n が奇数であれば2で割って1余るので $n = 2p + 1$（p は整数）と書けます。 ⇒ $n^2 = 4p^2 + 4p + 1 = 2(2p^2 + 2p) + 1$ で奇数となり、これは n^2 が偶数ということに反します。よって、n は偶数となります。

⇒ $n = 2q$（q は整数）と書けます。 ⇒ $4q^2 = 2m^2$ ⇒ $2q^2 = m^2$ ⇒ 上と同じ理由で m も偶数になります。m も n も偶数なので、m と n が互いに約数を持たないことに矛盾します。

こうして、$\alpha^2 = 2$ となる α は、有理数ではないという結論になります。

したがって、α は無理数だということです。

分数による表記はできませんので、小数表記しかないのですが、それは循環節（くり返しのある節）のない無限小数になってしまうのです。一般に、有限小数や循環節を持つ小数は有理数（整数／整数）に書き直すことができます。こうして、$\alpha^2 = 2$ となる α を $\sqrt{}$ という記号を使って、$\alpha = \sqrt{2}$（> 0）と表記するのです。正確には $\alpha = \pm\sqrt{2}$ というべきなのですが、いまの場合は対角線の長さなので、正のみを考えて $\alpha = \sqrt{2}$ としているわけです。

数表なり電卓をはじいてみますと $\sqrt{2} = 1.4142135$ という数が出てきます。もちろん、それ以上は表記しないだけで、無限に続く数です。

このような数は無数にあります。

円周率や $\sqrt{2}$, $\sqrt{3}$, $\sqrt{5}$ などの測定から得られるもの以外にも無限小数はいくらでも考えることができます。そのよう

な無限小数も仲間はずれにしないのが数学の精神なのです。

それを無理数と呼んで数として認めるわけです。

したがって、そのためにどうしても数に関する論理的な理屈（理論）が必要になります。それが数学は理屈っぽいといわれる所以(ゆえん)なのですが……。

もっとも、"盗人にも三分の理あり"といいますから、理屈は数学だけではないようです。そこで今度は、盗人の三分の理を探ろうというわけです。"浜の真砂は尽きるとも世に盗人の種は尽きまじ"（by石川五右衛門）。数もまた書き尽きることはありません。

そのためには有理数を手掛かりとして、無限小数（無理数）を捕まえるしかありません。

人類が数を発明し、それを使ってきたのは計算ができるからです。

有理数というのは整数／整数であり、この数に関しては＋、－、×、÷ の四則演算についてもよく知っています。それは計算可能ですし、その演算の結果も有理数になります（これを四則演算で閉じているともいいます。つまり、有理数の中だけで計算が完結するという意味です）。このように有理数についてはよくわかっていると考えられます。

一方で、無理数については、$\sqrt{2} + \sqrt{3}$ ですらすっきりわかったとはいえないのです。でも、中学校や高校では、計算できるものとして扱ってきたのですけどね。

$\sqrt{2} = 1.4142135\cdots,\ \sqrt{3} = 1.7320508\cdots$

$\sqrt{2} + \sqrt{3} = 1.4142135\cdots + 1.7320508\cdots$ はどういう具合に足すのでしょうか？

もちろん、それを長さだと考えて、たとえばコンパスを使

って次のように数直線上に目盛ることはできるので（図10-2）、この二つの長さを足すことはできます。つまり、数直線が実数のすべてであると考えれば、一応演算結果が数（数直線上の数）として定まるといえなくはないでしょう。

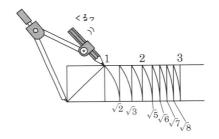

図10-2

　無理数の足し算をどう考えるのかの理屈が必要です。そのために、演算が可能である有理数の助けが必要となるのです。

　結論を先に述べますと、無理数とは有理数でできた数の列（これを数列という）の先に現れる姿だと考えるわけです。盗人は普通の人のなれのはて……といったところでしょうか。

　とにかく、大略を説明しましょう。いわれてみれば、"なァ〜んだ！"ということなのですが……。

　いま、$\sqrt{2}$は1.4142135623…と続く無限小数であるとして考えてみます。

　$1 < \sqrt{2} < 2$であることはすでに述べました。数直線上の区間（1, 2）にあります。

　そこで、無限小数を途中で区切って、1, 1.4, 1.41, 1.414,

1.4142, 1.41421, 1.414213, …といった数列を考えれば、

$$1(= a_1),\ 1\frac{4}{10} = \frac{14}{10} = \frac{7}{5}(= a_2),\ \frac{141}{100}(= a_3),$$

$$\frac{1414}{1000} = \frac{707}{500}(= a_4), \cdots$$

という 整数 / 整数（有理数）の列 a_1, a_2, a_3, a_4, … ができます。

　これを**数列**といいますが、この数列はその作り方から $\sqrt{2}$ を超えることはありません。つまり、$1 < a_1 < a_2 < a_3 < a_4 < \cdots < a_k < \cdots < \sqrt{2} < 2$ です。

　このとき（$\sqrt{2} = 1.4142135623\cdots$ としていますので）、数列の作り方から、
$$|\sqrt{2} - a_1| > |\sqrt{2} - a_2| > |\sqrt{2} - a_3| > \cdots > |\sqrt{2} - a_k| > \cdots > 0$$
となり、先にいくほど差が縮まるのは明らかでしょう。

　実際、$\frac{1}{10^k} > |\sqrt{2} - a_k|$ ですから、k が大きくなれば（先にいけばいくほど）その差は限りなく 0 になるというわけです。決して、"= 0" になるわけではありませんが、その差が途中で止まることはなく、いくらでも縮まるのです。

　このことを、「この有理数列 $\{a_1,\ a_2,\ a_3, \cdots\}$ は $\sqrt{2}$ に収束する」という言い方をします。

　それを次のように表記します。lim は limit（極限）の記号で、数列がどこまでもいった先にある数というおまじないみたいなものです。

$$\lim_{k \to \infty} a_k = \sqrt{2}$$

　これが無理数 $\sqrt{2}$ は有理数の数列 $\{a_n\}$ の極限（どんなに近づいても、それ自体にはなれない）として考えることがで

きるということです。

　どんな無理数でも無限小数だと考えて、それを認める以上はこのような捉え方をしようというわけです。これが、有理数の助けを借りるという意味です。

　以上の説明では無理数の小数表記を前提に有理数との関係を説明しました。有理数と無理数の関係性を原理的には納得していただけたでしょうか。

　つまり、無理数とは有理数列の極限として捉えることができる数であるということです。

　それでは $\sqrt{2} + \sqrt{3} = (1.41421356237\cdots) + (1.73205080756\cdots)$ はどう考えるのか？

　いま、$\sqrt{2}$ に収束する有理数列を $\{a_1,\ a_2,\ a_3,\ \cdots\}$ とし、$\sqrt{3}$ に収束する有理数列を $\{b_1,\ b_2,\ b_3,\ \cdots\}$ とします。おまじないの lim を使いますと

$$\lim_{k \to \infty} a_k = \sqrt{2} \qquad \lim_{k \to \infty} b_k = \sqrt{3}$$

　そこで、$c_1 = a_1 + b_1,\ c_2 = a_2 + b_2,\ c_3 = a_3 + b_3, \cdots$ によって新たな数列を定義します。このとき、a_k も b_k もともに有理数なのでこの足し算は計算可能な有理数になります。

　こうして、いま作った $c_k = a_k + b_k$ も有理数ということになりますので、$\{c_1,\ c_2,\ c_3, \cdots\}$ は有理数の数列になります。

このとき、$\displaystyle \lim_{k \to \infty} c_k = \omega$ とすれば、$\sqrt{2} + \sqrt{3} = \omega$ となって、計算結果が定まるというわけです。

　このとき、新たにできた数列 $\{c_k\}$ は収束するのか（つまり数 ω を定めるのか）という点については、実数に関するフランスの数学者コーシー（1789-1857）の極限の理論が必要

になってきますが、ここではこれ以上は立ち入らないことにします。

註：コーシーは論理的に厳密な方法で微積分学の基礎を固めた数学者。

　まとめると、次のようになるというわけです。

$$\sqrt{2} + \sqrt{3} = \lim_{k \to \infty} a_k + \lim_{k \to \infty} b_k = \lim_{k \to \infty} (a_k + b_k)$$
$$= \lim_{k \to \infty} c_k = \omega$$

　このように、無理数の計算を確定していくうえでは、「無理数とは有理数列の極限である」という理解が必要です。

　ここでは、無理数の小数表示がわかっていることを前提にして説明をしましたので、"盗人の理"といえなくもないですね。

　これを万人の理に近づけるには、与えられた無理数に対する有理数列はどのようにすればできるのかという課題が残ります。それは、無理数の小数近似をどのようにして得るのかということと同じですが、その一つに連分数展開と呼ばれる方法があります。

　それについては、次の節で説明しましょう。

11 | 連分数展開
分数で迫る無理数の姿

　前節で、無理数は有理数の数列の極限として捉えることができるといいました。

　では、$\sqrt{2}$の値がわかっていないときに、どのようにしてその数列を作るのか。

　連分数展開と呼ばれる方法を使います。

　そもそもの原理は紀元前のユークリッド互除法なのですが、連分数展開が出てくるのはかなり後世になってからです。これは第5節で触れた分数を生み出した原理でもあります。

　$\alpha = \sqrt{2}$ でやってみましょう。

(1)$\alpha = $（整数部分）＋（1より小さな小数部分）に分けます。

　これは具体的な操作でいえば次のようなことです。

　いまαが長さだとします。このとき、この長さを基準1で測るとします。

　そのとき、整数部分というのは、この基準1で測れた回数であり、残りは半端な余りということになります。

　いま、$1 < \alpha(= \sqrt{2}) < 2$であることは明らかですから（1辺が1の正方形の対角線）、1回測れて半端が出ます。

　それが次の式なのです。

　$\alpha = $（整数部分）＋（1より小さな小数部分）$= 1 + r$

　ただし、$r = $（1より小さな小数部分）$(0 < r < 1)$としま

す。余りの部分です。

このとき、$r = \alpha - 1 (= \sqrt{2} - 1)$ といえますので

$$\alpha = 1 + (\sqrt{2} - 1)$$

$(2)\alpha = 1 + r = 1 + \dfrac{1}{\boxed{\dfrac{1}{r}}} = 1 + \dfrac{1}{\dfrac{1}{\sqrt{2}-1}}$

$$= 1 + \dfrac{1}{\dfrac{\sqrt{2}+1}{(\sqrt{2}-1)(\sqrt{2}+1)}} = 1 + \dfrac{1}{\dfrac{\sqrt{2}+1}{1}}$$

$$= 1 + \dfrac{1}{\sqrt{2}+1} \ , \quad \sqrt{2} + 1 = 2 + (\sqrt{2} - 1)$$

なので

$$= 1 + \dfrac{1}{\boxed{2 + (\sqrt{2} - 1)}}$$

これは(1)の続きの具体的な操作でいえば次のようになります。

最初の○を見てください。

これは、基準1の長さを半端（余り $r = \sqrt{2} - 1$ ）で測定することを意味しています。

その結果、2番目の○を見ますと、$\frac{1}{r} = 2 + (\sqrt{2} - 1)$, $1 = 2r + (\sqrt{2} - 1)r$ ですので、基準1の長さを（余り r）で測ると2回測れて、その余り s が $s = (\sqrt{2} - 1)r$ となることを意味しています。このときの新しい基準は（余り r）ということになります。

$(3) \qquad \alpha = 1 + \dfrac{1}{2 + (\sqrt{2} - 1)}$

$$= 1 + \dfrac{1}{2 + \dfrac{1}{\boxed{\dfrac{1}{\sqrt{2}-1}}}} = 1 + \dfrac{1}{2 + \dfrac{1}{\boxed{2 + (\sqrt{2} - 1)}}}$$

これは(2)の続きとして、具体的な操作でいえば次のように
なります。

最初の□を見てください。

本質的には(2)と同じ操作です。いまは$s = (\sqrt{2}-1)\,r$なの
で□の$\frac{1}{\sqrt{2}-1} = \frac{r}{s}$のことです。つまり、□の操作は、(1)での
余りrを(2)での余りsで測定することを意味しているので
す。このとき、2回測れてその余りtが$t = (\sqrt{2}-1)\,s$とな
ります。

こうして、(3)式が得られます。

$$(4) \qquad \alpha = 1 + \cfrac{1}{2 + (\sqrt{2}-1)} = 1 + \cfrac{1}{2 + \cfrac{1}{2+(\sqrt{2}-1)}}$$

$$= 1 + \cfrac{1}{2 + \cfrac{1}{2 + \cfrac{1}{\boxed{2 + \cfrac{1}{2+(\sqrt{2}-1)}}}}}$$

すでにお気づきのように、○は今までのパターンの繰り返
しです。

こうして、

$$\alpha = 1 + \cfrac{1}{2 + \cfrac{1}{2 + \cfrac{1}{2+(\sqrt{2}-1)}}} = \cdots = 1 + \cfrac{1}{2 + \cfrac{1}{2 + \cfrac{1}{2+\cdots}}}$$

といつまでも続くことになります。

これを$\alpha = \sqrt{2}$の（無限）連分数展開といいます。有理数
ではないのでこれは無限に続くことになりますが、原理的に
はどこまでもやれるということです。

このような方法（余りを余りで割り進む方法）がユークリ

ッド互除法なのです。

　この方法はどのような無理数でも原理的に可能です。

　このような連分数展開が求まれば、

(5)この連分数を次のように斜線で区切ることで $\alpha = \sqrt{2}$ という無理数を近似する分数列（有理数列）が得られます。

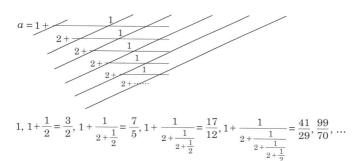

$1,\ 1+\dfrac{1}{2}=\dfrac{3}{2},\ 1+\dfrac{1}{2+\dfrac{1}{2}}=\dfrac{7}{5},\ 1+\dfrac{1}{2+\dfrac{1}{2+\dfrac{1}{2}}}=\dfrac{17}{12},\ 1+\dfrac{1}{2+\dfrac{1}{2+\dfrac{1}{2+\dfrac{1}{2}}}}=\dfrac{41}{29},\ \dfrac{99}{70},\ \cdots$

図 11-1

　$a_1 = 1,\ a_2 = \dfrac{3}{2},\ a_3 = \dfrac{7}{5},\ a_4 = \dfrac{17}{12},\ a_5 = \dfrac{41}{29},\ \cdots$ という有理数列が得られます。

　少し横道にそれますが、いまの場合（$\sqrt{2}$）は次のような規則性が見られます。$1 = 1/1$ とみますと、

$$a_k = {}^{p}\!/_{q} \quad \Rightarrow \quad a_{k+1} = \{(p+q)+q\}/(p+q) \quad (k \geqq 1)$$

上の数列を小数にすると次のようになります。

　　　　$1,\ 1.5,\ 1.4,\ \underline{1.416}\cdots,\ 1.4137\cdots,\ \underline{1.414}285\cdots,\ \cdots$

　この数列の下線部分は、$\sqrt{2}$ の正確な値 $1.4142135623\cdots$ に対して、上記の数列の6番目で小数点以下4桁まで一致しています。実は、このユークリッド互除法により得られる数列

が一番早く$\sqrt{2}$の真の値に近づくことが知られています。

　この方法の素晴らしさは、与えられた無理数に対して、そこに収束する具体的な有理数からできる無限個の数列が得られるということです。

　ユークリッド互除法というのは、このプロセスにあるように、"余りが出たら前の余りを次の余りで割っていく（測定する）"方法です。

　どこまでも割り進む先に無理数という宝が見えてくるというわけです。

　黒いダイヤといわれた炭鉱のお仕事みたいなものです。

　この連分数展開は無理数ですので無限に続くことになります（有限であれば分数で表示できることになり、有理数になるからです）。これを無理数の無限連分数展開といいます。

　このような方法で、分数列を作ることができれば、分数による近似値はもとより、小数の近似値（分数は小数にできる）も求まるのですからとても便利なわけです。

　ちなみに、$\alpha = \sqrt{3}$の無限連分数展開は次のようになります。

　上の方法で挑戦してみてください。

$$\sqrt{3} = 1 + \cfrac{1}{1 + \cfrac{1}{2 + \cfrac{1}{1 + \cfrac{1}{2 + \cdots}}}}$$

ここから分数列を作り、電卓で$\sqrt{3}$の値を調べて、アナログの素晴らしさを実感してみてください。

　近代解析学の創始者の一人と称されるスイス出身のレオンハルト・オイラー（1707-1783）は、円周率π（これも無理数）に対する素晴らしい連分数展開を見つけています。

　ここまでいくと近似計算云々というより芸術ですね。

　このような出会いがあるから、数学はファンタスティック！　なのですね。

$$\pi/4 = \cfrac{1}{1+\cfrac{1^2}{2+\cfrac{3^2}{2+\cfrac{5^2}{2+\cfrac{7^2}{2+\cfrac{9^2}{2+\cdots}}}}}}$$

　実は、このユークリッド互除法による連分数展開は無理数以外でも可能です。

　いま任意の数を α とします。

① $\alpha = (整数部分) + (1以下の部分 = 余り) = k + r$ $(k = 整数部分, 0 < r < 1)$
　　$= k + \cfrac{1}{\cfrac{1}{r}}$

② $1 = mr + s$ $(m = 整数, 0 < s < r)$「1を余り r で測る、s は余り」
　　$\alpha = k + \cfrac{1}{\cfrac{1}{r}} = k + \cfrac{1}{m + \cfrac{1}{\cfrac{r}{s}}}$

③ $r = ns + t$ $(n = 整数, 0 < t < s)$「①の余り r を②の余り s で測る、t は余り」
　　$\Rightarrow \cfrac{r}{s} = n + \cfrac{t}{s} = n + \cfrac{1}{\cfrac{s}{t}}$
　　$\alpha = k + \cfrac{1}{m + \cfrac{1}{\cfrac{r}{s}}} = k + \cfrac{1}{m + \cfrac{1}{n + \cfrac{1}{\cfrac{s}{t}}}}$

　　　　　　　　　　　　　　　「②の余り s を③の余り t で測る」

図 11-2

　以上のプロセスを続けます。α が有理数であればこのプロセスは有限回で終わります。

　いま、$\alpha = \dfrac{29}{17}$ についてやると次のようになります。

17は大谷翔平選手の背番号で、29は現在の年齢です。大谷選手、勝手に使ってごめんなさい。

$$29 = 17 \times 1 + 12 \quad \rightarrow \quad \frac{29}{17} = 1 + \frac{12}{17} = 1 + \frac{1}{\frac{17}{12}}$$

$$17 = 12 \times 1 + 5 \quad \rightarrow \quad \frac{17}{12} = 1 + \frac{5}{12} = 1 + \frac{1}{\frac{12}{5}}$$

$$12 = 5 \times 2 + 2 \quad \rightarrow \quad \frac{12}{5} = 2 + \frac{2}{5} = 2 + \frac{1}{\frac{5}{2}}$$

$$5 = 2 \times 2 + 1 \quad \rightarrow \quad \frac{5}{2} = 2 + \frac{1}{2}$$

以上より

$$\frac{29}{17} = 1 + \frac{12}{17} = 1 + \cfrac{1}{1 + \cfrac{1}{2 + \cfrac{1}{2 + \frac{1}{2}}}}$$

なかなか綺麗な連分数になりますね。ずっと1人だったが、いまは2人で幸せですといったところでしょうか。

ここまで述べた互除法とは直接の関係はありませんが、連分数によって、特別な形の2次方程式の正の実数解の一つを求めることができます。

$$x^2 - ax - 1 = 0 \quad \rightarrow \quad x^2 = ax + 1 \quad \rightarrow \quad x = a + \frac{1}{x}$$

$$x = a + \frac{1}{x} = a + \cfrac{1}{a + \frac{1}{x}} = a + \cfrac{1}{a + \cfrac{1}{a + \frac{1}{x}}} = a + \cfrac{1}{a + \cfrac{1}{a + \cfrac{1}{a + \cdots}}}$$

たとえば、方程式 $x^2 - x - 1 = 0$ をご存知の方もおられるかもしれません。これは黄金比を表す方程式です（黄金比の詳細については幾何・解析編で触れる予定です）。これは上

記の方程式の $a = 1$ の場合ですから、その解の一つは

$$1 + \cfrac{1}{1 + \cfrac{1}{1 + \cfrac{1}{1 + \cfrac{1}{1 + \cdots}}}}$$

です。これは無限連分数ですので無理数です。この連分数からこの解の近似値を求めることができます。一方で、解の公式（第13節）で求めることもできます。それを使うと $x = \frac{1 \pm \sqrt{5}}{2}$ で、一つは正でもう一つは負ですから、$\frac{1 + \sqrt{5}}{2} = 1 + \cfrac{1}{1 + \cfrac{1}{1 + \cfrac{1}{1 + \cdots}}}$ となります。$1 : \frac{1 + \sqrt{5}}{2}$ が黄金比ですが、$\frac{1 + \sqrt{5}}{2}$ の連分数表記は1のみでできていて、美しいものがあります。黄金という名称も納得というところでしょうか。

12 | グラフと曲線
デカルトに感謝！
数学を飛躍させた発明

　中学校や高校では**関数**を学びます。

　関数とは、変化する二つの量の対応づけのことです。$y = 2x + 1$では、xに値を与えるとそれに伴ってyの値がただ一つ対応します。これをyはxの関数であるといいます。xを独立変数、yを従属変数といいます。

　右辺は1次式ですので、1次関数といいます。同様に2次式で表される $y = x^2 + x - 2$ は2次関数です。一般に $y = a_n x^n + a_{n-1} x^{n-1} + \cdots + a_1 x + a_0 \ (a_n \neq 0)$ はn次関数といいます。また、この右辺の式をn次多項式と呼びます。

　関数のことを$f(x)$ という記号を使って、$y = f(x)$ とか $f(x) = a_n x^n + a_{n-1} x^{n-1} + \cdots + a_1 x + a_0$ などと表現します（ここでは$a_n,\ a_{n-1}, \cdots,\ a_1,\ a_0$は実数とします）。

　この関数を平面上に視覚化したのがグラフです。

　まず、平面上に座標と呼ばれるものを導入します。それは平面上の各点に番地を与えるためです。

　(1)平面上に原点と呼ばれる1点を定めます。それをOとします。

　(2)この点Oを通り、水平方向と垂直方向の直交する2本の直線を考えます。

　(3)水平方向のOの右側に基準1となる点E_xを$OE_x = 1$と

定めます。同様に垂直方向のOの上側に同じ基準1で
$OE_y = OE_x = 1$ となる点 E_y を定めます。この基準1をもと
に右方向と上方向は正の数を割り振り、左方向と下方向には
負の数を割り振ります。こうして点Oで直交する2本の数直
線ができます。水平方向の数直線を横軸またはX軸、垂直
方向の数直線を縦軸またはY軸と呼びます。

(4)平面上に点Aを考えたとき、このAからX軸に垂直に
下ろした線が交わる点が a で、Y軸に垂直に下ろした線が交
わる点を b とします。このとき、点Aの座標は (a, b) となり
ます（点Aの番地です）。また、a を点AのX座標、b を点A
のY座標といいます。

以上が座標の仕組みです（下図を参照）。

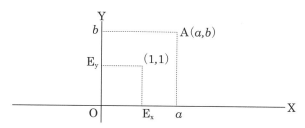

図12-1

次に $y = x^2 - 4x + 2$ のグラフを考えてみましょう。

それは、この関数で定まる、x と y の組 (x, y) を座標とす
る点の集まり（下記の集合）を平面上に印せばいいのです。

$$\{ (x, y) \mid y = x^2 - 4x + 2, x は実数 \}$$

このとき、グラフは図12-2のような曲線になります。こ
れは放物線と呼ばれる曲線です。放物線は、山のような形ま
たは谷のような形で、山または谷を通りY軸に平行な直線

に関して左右対称になる曲線です。以下で説明をしますので、いまはこんなものだと思っておいてください。2次関数のグラフはすべて放物線と呼ばれる曲線になります。

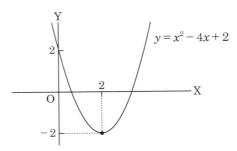

図12-2

　放物線は円錐曲線と呼ばれて、古代ギリシャの昔から知られていました。

　円錐曲線には、それ以外に円、楕円、双曲線があります。これらはすべて直円錐を平面で切ったときに得られる曲線です（図12-3）。ただし、当時は、座標の考えはなかったので、関数等の数式で表現することはできませんでした。すべて、次のように幾何学的な性質をもとにして取り扱ってい

図12-3

した（詳しいことは幾何・解析編参照）。

・円は1点からの距離がすべて同じ点の集まり（軌跡）

・楕円は二つの定点からの距離の和が一定な点の集まり（軌跡）

・双曲線は二つの定点からの距離の差が一定な点の集まり（軌跡）

・放物線は、平面上の1点Fとそれを通らない直線Lを考えたとき、「点Fまでの長さ ＝ 直線Lに下ろした垂線の長さ」を満たす点Pの軌跡なのです。

　この性質だけで曲線を扱おうとするのはとても不便です。

　そこで、これを式で表すことを考えてみます。

　平面上に1点Fを固定します（図12-4）。

　このFを通らない直線Lを考えます。いまこのLは平面上で水平だとします。このとき、平面上の点PからL上に垂線を下ろした足をQとしたとき、FP ＝ PQとなるような点Pの軌跡が放物線なのです。

　次にこの平面上の座標を定めることにします。

　そこで、いまLをX軸とします。点Fを通りLに垂直な線をY軸とします。その交点を原点Oとします。

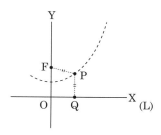

図12-4

このとき、X軸、Y軸は冒頭で述べたように数値化されているものとします。

　いま、この座標系での点Fの座標を $(0, a)$ とし、点Pの座標を (x, y) とします。

$FP = \sqrt{(x-0)^2 + (y-a)^2}$, $PQ = y$ ですので、$FP = PQ$ より $\sqrt{(x-0)^2 + (y-a)^2} = y$ 　　（両辺を2乗します）

$x^2 + (y-a)^2 = y^2$

$x^2 + y^2 - 2ay + a^2 = y^2$ 　$\Rightarrow$ 　$x^2 + a^2 = 2ay$

$\Rightarrow$ 　$y = \dfrac{1}{2a}x^2 + \dfrac{a}{2}$

　こうして、2次関数 $y = \dfrac{1}{2a}x^2 + \dfrac{a}{2}$ となるのです。

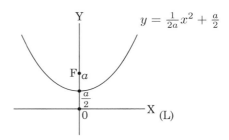

図12-5

　こうして、この性質から得られる軌跡を数式化すると2次関数になります。

　このとき、Fのことを焦点、Lを準線といいます。

　ここで放物線 $y = x^2 - 4x + 2$(ア)の焦点の座標と準線を求めてみます。放物線 $y = \dfrac{1}{2a}x^2 + \dfrac{a}{2}$ (イ)を手掛かりとします。

　(イ)の焦点は $(0, a)$ で準線は $y = 0$ です。

　ここで、まず(ア)の x^2 の係数は1なので、(イ)で $\dfrac{1}{2a} = 1$ とな

り、 $a = \frac{1}{2}$ です。(イ)は $y = x^2 + \frac{1}{4}$ (ウ)となり、焦点は $\left(0, \frac{1}{2}\right)$ で準線は $y = 0$ となります。

次に(ウ)を平行移動（＊）し、(ア)の形に変形します。

①$y = x^2 - 4x + 2 = (x-2)^2 - 2$ ですので、(ウ)をＸ軸に平行に右方向に２だけ移動します。このとき、(ウ)は $y = (x-2)^2 + \frac{1}{4}$ (エ)となり、(エ)の焦点は $\left(2, \frac{1}{2}\right)$ で準線は $y = 0$ です。

②(ア)(エ)は同じ対称軸 $(x = 2)$ を持っています。

それぞれの頂点は $(2, -2)$ と $\left(2, \frac{1}{4}\right)$ です。そこで、(エ)の頂点を(ア)の頂点までＹ軸に平行に移動します。それはＹ軸に平行に下方向に $\frac{9}{4}$ だけ移動すればよいわけです。

つまり、 $y = (x-2)^2 + \frac{1}{4} - \frac{9}{4} = (x-2)^2 - 2$

こうして、(エ)は(ア)となります。

このとき、焦点も準線も同じだけ移動しますので、焦点は $\left(2, \frac{1}{2} - \frac{9}{4}\right) = \left(2, -\frac{7}{4}\right)$ で、準線は $y = -\frac{9}{4}$ となります。以上のことから、放物線 $y = x^2 - 4x + 2$ の焦点は $\left(2, -\frac{7}{4}\right)$ で、準線は $y = -\frac{9}{4}$ となります。

（＊）平行移動について

$y = ax^2 + b$ をＸ軸の右方向に $m (> 0)$、Ｙ軸の上方向に $n (> 0)$ だけ動かしたときの放物線を表す式は $y - n = a(x-m)^2 + b$ となります。つまり、 $y = a(x-m)^2 + b + n$ です(移動する方向が逆であれば、上記の $-m, -n$ の符号を変えればよい)。

なぜならば、平行移動した新しい放物線上の任意の点を (x, y) とすれば、$(x-m, y-n)$ は最初の放物線 $y = ax^2 + b$ 上の点なので、

$y - n = a(x-m)^2 + b$ となります。

平行移動からいえる大切なことは、任意の放物線 $y = ax^2 + bx + c$ は、平行移動で $y = ax^2$ の形にできるということです。これは、放物線の形（開き具合）は x^2 の係数のみ a で決まるということを意味しています。

　たとえば、$y = 2x^2 + 4x + 1$ の放物線は、$y = 2(x^2 + 2x) + 1 = 2(x+1)^2 - 2 + 1 = 2(x+1)^2 - 1$ ですので、X軸の右方向に1、Y軸の上方向に1だけ平行移動すれば、$y - 1 = 2((x-1)+1)^2 - 1 \Rightarrow y = 2x^2$ （頂点が原点の放物線）にできます。

　さて、㋐の焦点と準線を使って、平面上の点 P (x, y) が "FP = PQ" を満たす（Qは準線に下ろした足）として計算をしてみてください。㋐の式が得られるはずです。

　このように、座標を導入することで、数式で表現できて、取り扱いが圧倒的に楽になります。座標を用いた図形に関する数学を解析幾何学といいます。

　ところで、n 次関数からできる方程式は、グラフと密接な関係にあります。その一つとして、グラフから方程式の解に関する情報が得られるということです。

　例1　2次方程式 $x^2 - 3x + 2 = 0$ を考えます。

　　$x^2 - 3x + 2 = 0$ の解　⇔　放物線 $y = x^2 - 3x + 2$ と直線 $y = 0$（X軸）との交点のX座標

　まず、$y = x^2 - 3x + 2$ のグラフを描いてみます。そのために次のような変形をします。これを平方完成といいます。この変形は2次関数特有のもので、こうするとグラフも容易に書けるのです。

$$y = x^2 - 3x + 2 = x^2 - 2 \cdot \frac{3}{2}x + \left(\frac{3}{2}\right)^2 - \left(\frac{3}{2}\right)^2 + 2$$

$$= \left(x - \frac{3}{2}\right)^2 - \frac{1}{4} \qquad \text{(オ)}$$

(オ)から次のことがわかります。

①X 軸に垂直な直線 $x = \frac{3}{2}$ がグラフの対称軸になります。

②グラフの頂点は対称軸上にありますから、点 $\left(\frac{3}{2}, -\frac{1}{4}\right)$ が
グラフの頂点の座標です。

先ほど述べたことから、$y = x^2 - 3x + 2$ のグラフは放物
線ですが、①②の情報からはおおよその形が図 12-6 のよう
にわかります。

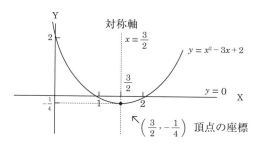

図 12-6

次に、方程式の解との関係は次のようになります。再び(オ)
を使います。

$$x^2 - 3x + 2 = \left(x - \frac{3}{2}\right)^2 - \frac{1}{4} = 0 \quad \Leftrightarrow \quad \left(x - \frac{3}{2}\right)^2 = \frac{1}{4}$$

$$x - \frac{3}{2} = \pm\sqrt{\frac{1}{4}} = \pm\sqrt{\left(\frac{1}{2}\right)^2} = \pm\frac{1}{2} \quad \Leftrightarrow \quad x = \frac{3}{2} \pm \frac{1}{2}$$

よって、$x = 1, x = 2$ が解です。これはこの関数のグラフ
は X 軸とこの 2 点で交わっていることを意味しています。

例 2　2 次方程式 $x^2 - x + 1 = 0$ を考えてみましょう。

これも同じことです。

$x^2 - x + 1 = 0$ の解　⇔　放物線 $y = x^2 - x + 1$ と直線 $y = 0$（X軸）との交点のX座標

先ほどと同じように平方完成を行います。

$$y = x^2 - x + 1 = x^2 - 2 \cdot \frac{1}{2}x + \left(\frac{1}{2}\right)^2 - \left(\frac{1}{2}\right)^2 + 1$$

$$= \left(x - \frac{1}{2}\right)^2 + \frac{3}{4} \qquad \text{(カ)}$$

(カ)から、このグラフは $x = \frac{1}{2}$ を対称軸に持ち、頂点の座標が $\left(\frac{1}{2},\ \frac{3}{4}\right)$ の放物線です。

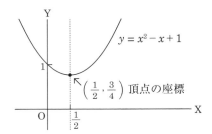

図12-7

　このとき、このグラフの頂点のY座標が正です（X軸より上にあります）。つまり、X軸との交点がありません。このことは、2次方程式 $x^2 - x + 1 = 0$ は実数解を持たないことを意味しています。

　以上のように、2次方程式が実数の解を持つか持たないかは、その方程式の作る関数のグラフの頂点の位置によって判断できます。

　2次方程式の x^2 の係数が正の場合（負の場合は逆になる）

(ⅰ)頂点がＸ軸より下（頂点のＹ座標＜0）……実数解
　　が2個

(ⅱ)頂点がＸ軸上にある（頂点のＹ座標＝0）……実数
　　解が1個（重解という）

(ⅲ)頂点がＸ軸より上（頂点のＹ座標＞0）……実数解
　　がない

　一般に、$ax^2 + bx + c = 0 \,(a > 0)$ の解と $y = ax^2 + bx + c$ のグラフの関係を考えたとき、$y = a\left(x + \frac{b}{2a}\right)^2 + a \times \frac{-b^2 + 4ac}{4a^2}$ と変形できるので、

　　・対称軸：$x = -\frac{b}{2a}$

　　・頂点の座標：$\left(-\frac{b}{2a},\ a \times \frac{-b^2 + 4ac}{4a^2}\right)$

(ⅰ)～(ⅲ)より、頂点のＹ座標によって解の個数が判断できます。いま、$a > 0$ なので、

$$a \times \frac{-b^2 + 4ac}{4a^2} < 0 \quad \Leftrightarrow \quad b^2 - 4ac > 0$$

$$a \times \frac{-b^2 + 4ac}{4a^2} = 0 \quad \Leftrightarrow \quad b^2 - 4ac = 0$$

$$a \times \frac{-b^2 + 4ac}{4a^2} > 0 \quad \Leftrightarrow \quad b^2 - 4ac < 0$$

　したがって、$D = b^2 - 4ac$ で表して、(ⅰ)～(ⅲ)の判断に用いることができます。

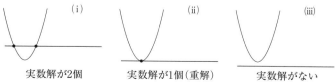

(ⅰ)	(ⅱ)	(ⅲ)
実数解が2個	実数解が1個（重解）	実数解がない

図12-8

これを判別式といいます（D は discriminant ＝ 判別式の頭文字）。このとき次のようになります。

$D > 0$ （実数解2個）

$D = 0$ （実数解1個、これを重解といい、$D = 0$ を重解条件といいます）

$D < 0$ （実数解なし）

このように座標を導入することで、解の情報を直観的に判断することができるのです。

座標の導入は16世紀以降ですが、視覚的にも数式的にも関数を扱うのに画期的な方法でした。フランスの哲学者ルネ・デカルト（1596-1650）が使ったのでデカルト座標といわれますが、実際にはデカルト以前に考案されていたようです。

COLUMN 1

パラボラアンテナの秘密

　パラボラアンテナは放物線を回転させた形になっています。これは、遠くから放物線の対称軸に平行に飛んできた電波を放物面に反射させて焦点に集めるための工夫です。

　ここでは座標を用いた解析幾何学の事例の一つとして、パラボラアンテナの焦点の性質について説明しましょう。

　遠くから飛んできた電波は、それ自身は弱いので、1点に集めて利用します。ここでは、対称軸に平行に進んできた電波が1点（焦点）に集まることを示します。

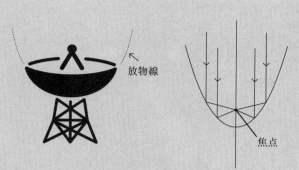

図コラム1-1　放物面

　ここでは、第12節で扱った放物線 $y = x^2 - 4x + 2$ を使うことにします。この放物線のどの点でもよいので、いま、この放物線上の点P $(3, -1)$ で考えてみます（図コラム1-2）。

　電波が点Pで放物面にあたって進むとき、点Pを通る接線とのなす角が $\alpha = \beta$ であることを示せばよいのです（考察 (3) 参照）。

　そこで、Pでの放物線の接線を考えます。接線の式を $y = ax + b$ とし、この式を求めてみます。

$y = x^2 - 4x + 2$　①

$y = ax + b$　②

　①と接線②は1点でしか接しませんので、それは次の方程式

$x^2 - 4x + 2 = ax + b$　⇔

$x^2 - (4 + a)x + 2 - b = 0$　③

の解です。しかし、解が1個なので重解を持つということです。2次方程式の重解の条件から判別式 $D = 0$ とな

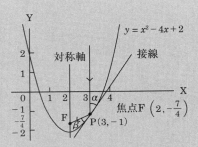

図コラム1-2 放物線と接線

ります。

$$D = (4+a)^2 - 4(2-b) = 0 \quad \Leftrightarrow$$
$$(4+a)^2 = 4(2-b) \quad ④$$

一方、②は点Pを通りますので、$-1 = 3a + b$ ⑤

⑤式のbを④式に代入して、次の式を得ます。

$$a^2 - 4a + 4 = 0 \quad \Leftrightarrow \quad (a-2)^2 = 0 \quad \Leftrightarrow \quad a = 2 \quad ⑥$$

⑥を⑤に代入すると$b = -7$、こうして$y = 2x - 7$が接線の式です。そこで、いまグラフ$y = x^2 - 4x + 2$の必要な点に記号をつけましょう（図コラム1-3）。

焦点$F(2, -\frac{7}{4})$、頂点をTとしますと、$T(2, -2)$です。

そこで、放物線の対称軸$x = 2$と接線の交点をQとしますと、$Q(2, -3)$です（接線の式に$x = 2$を代入）。さらに接線上の点Rを図のように取ります。

考察

(1)△PFQは二等辺三角形になります。実際辺の長さを計算すると次のようになります。

$$\overline{PF} = \overline{FQ} = \frac{5}{4}$$

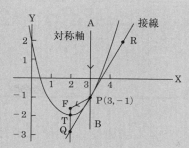

図コラム1-3

(2)ABは点Pを通り対称軸に平行な直線です。

　　$\alpha = \angle APR = \angle QPB$　（対頂角）

　　$\angle QPB = \angle FQP$　（AB // FQ）

　　(1)より $\angle FQP = \angle FPQ = \beta$

　　よって $\alpha = \beta$　⑦

(3)電波の性質から、点Pで接線にあたると、入射角＝反射角の道筋を通ります。ところが⑦より、$\alpha = \beta$です。したがって、αは入射角なのでβは反射角となります。よって電波は焦点Fに到達することになります。

　以上のことからパラボラアンテナのからくりが示せたことになります。

13 | 2次方程式アラカルト
なぜか話題に上る「解の公式」

　なぜか、2次方程式の**解の公式**はしばしば話題を呼び起こす材料になります。

　多くの人々にとっては、実生活上は2次方程式に触れる機会はほとんどなく、ましてやそれを解くこともないでしょう。"人生で一度もこの公式を使ったことはない"とか、"2次方程式を職業上、生活上必要とする人は少ない"とかいろいろいわれて、中学校の学習指導要領から消えて、高校へ「進学」した時期もあり、現在は出戻り状態なのです。どうも2次方程式の解の公式は人気がないみたいです。残念ながら、数学そのものが人気のある教科とはいえないようですが……。

　2次方程式とは $ax^2 + bx + c = 0\,(a \neq 0)$ といった形の方程式です。

　このとき、話題の中心である解の公式とは次のようなものです。

$$x = -\frac{b}{2a} \pm \frac{\sqrt{b^2 - 4ac}}{2a} = \frac{-b \pm \sqrt{b^2 - 4ac}}{2a} \quad ①$$

　それは、 $ax^2 + bx + c = a(x^2 + \left(\frac{b}{a}\right)x + \frac{c}{a}) = a\{(x + \frac{b}{2a})^2 - \left(\frac{b}{2a}\right)^2 + \frac{c}{a}\} = a\{\left(x + \frac{b}{2a}\right)^2 - \frac{b^2 - 4ac}{4a^2}\}$ と変形（平方完成）できることから導けます。 $a \neq 0$ ですので、

$$ax^2 + bx + c = 0 \quad \Leftrightarrow \quad \left(x + \frac{b}{2a}\right)^2 - \frac{b^2 - 4ac}{4a^2} = 0$$

$$\Leftrightarrow \quad x = -\frac{b}{2a} \pm \frac{\sqrt{b^2 - 4ac}}{2a}$$

ここで、次のような問題を考えてみましょう。

「周囲が24mで面積が20㎡の長方形の畑があります。この畑の2辺の長さはいくら？」という課題から出てくるのは、4辺で24m⇒2辺（タテ×ヨコ）で12m⇒タテを x mとするとヨコは $(12-x)$ mですから、面積は $x(12-x) = 20$ ということで、2次方程式 $x^2 - 12x + 20 = 0$ の形になります。

$x^2 - 12x + 20 = 0$ であれば、$a = 1$, $b = -12$, c $= 20$ を上式に代入すればよいのです。

$$x = \frac{-b \pm \sqrt{b^2 - 4ac}}{2a} = \frac{12 \pm \sqrt{144 - 80}}{2}$$
$$= \frac{12 \pm \sqrt{64}}{2} = \frac{12 \pm 8}{2}$$

最後の式を計算して、$x = 2$, $x = 10$ となります。これで簡単に解決します。

この解の公式は、どんな2次方程式も解けてしまうという優れものです。そこで、別の2次方程式 $x^2 + 2x + 4 = 0$ に適用して解いてみます。

$a = 1$, $b = 2$, $c = 4$ を上式に代入します。

$$x = \frac{-b \pm \sqrt{b^2 - 4ac}}{2a} = \frac{-2 \pm \sqrt{4 - 16}}{2} = \frac{-2 \pm \sqrt{-12}}{2}$$

こうして、$x = \dfrac{-2 + \sqrt{-12}}{2}$, $x = \dfrac{-2 - \sqrt{-12}}{2}$ が得られます。②

このように解の公式を機械的に適用すると $\sqrt{-12}$ という不可思議な数値が出てきます。

$\sqrt{-12}$ ってなに？　……ということになります。

前述のとおり、$\sqrt{2}$ や $\sqrt{3}$ とは無理数のことで、$\sqrt{2} \times \sqrt{2} = 2$，$\sqrt{3} \times \sqrt{3} = 3$ となる、2乗したときに2や3になる数でした。それを表す記号が $\sqrt{}$ でしたので、この道理でいきますと $\sqrt{-12} \times \sqrt{-12} = -12$ になります。

2乗して負数になる実数はありません。$3 \times 3 = 9 > 0$，$(-3) \times (-3) = 9 > 0$ です。つまり、$\sqrt{-12}$ は実数ではないということです。これは数なのでしょうか？

このことは、2次方程式 $x^2 + 2x + 4 = 0$ には実数の解がないことを意味しています。

もともと、$x^2 + 2x + 4 = (x+1)^2 + 3$ ですので、x が実数だとすれば $(x+1)^2 > 0$，$x^2 + 2x + 4 = (x+1)^2 + 3 > 0$ となります。そもそも、$x^2 + 2x + 4 = 0$ は実数で考えている限りは意味のない式（解のない方程式）だったのです。

解のない方程式を考えることがおかしいとクレームがきそうですが……。

そこで、「容積が8㎤の立方体の1辺の長さはいくらですか？」という課題に対する方程式を考えてみましょう。

求める辺の長さを x とすると、$x^3 = 8$ という方程式が得られます。$x^3 - 8 = 0$ です。

この左辺を因数分解すると $x^3 - 8 = (x-2)(x^2 + 2x + 4)$ となります。このとき、この方程式の解は、$x - 2 = 0$ または $x^2 + 2x + 4 = 0$ から得られるはずです。この後者が上述の方程式です。すでにみたように $x^2 + 2x + 4 > 0$ なので、$x^3 - 8 = 0$ の（実数）解は $x = 2$ しかありません。こう

してこの課題への解は得られますが、$x^2 + 2x + 4 = 0$ は仲間外れになります。余計なものがなぜ出現するのでしょう。そこには、まだ私たちが知らないことが隠されているということです。

解の公式①を適用すると②という解が得られるのですが、それは2乗して負となるという $\sqrt{-12}$ という記号で表現されている得体の知れないものです。

解の公式①の魔法で、突如として正体不明の怪物（？）が出現したのです。まさに、ゴジラ現るということです。

ここで、かの偉大なドイツの数学者であるガウスにご登場いただきます。

ガウスの定理
実係数の n 次多項式は、実係数の1次式と2次式の積に分解することができる。

n 次多項式は、第12節で紹介した $a_n x^n + a_{n-1} x^{n-1} + \cdots + a_0\ (a_n \neq 0)$ という x の n 次関数です。2次関数 $x^2 + 2x + 4$ は2次多項式とも称します。簡単にいえば、解析的立場からは関数、代数的立場からは多項式と称していると考えておけばよいでしょう。この定理は、実係数の n 次多項式は、1次多項式と2次多項式に分解できるが、それ以上には分解ができないことがあることを意味しています。別の言葉でいえば、n 次関数を分解していったときに、2次関数に至って初めて分解できないという現象が起きるということを示しているのです。実際に、$x^3 - 8 = (x - 2)(x^2 + 2x + 4)$ はこれ以上には実係数を持つ式には分解がで

きません。2項目の多項式は実係数の1次多項式には分解できないのです。

つまり、2次多項式の非分解性という壁にぶつかる、換言すれば、実数の範囲においては、2次多項式からできる2次方程式になると解の非存在という現象が起きるということです。2次方程式が多項式の分解のキャスティングボートを握っているわけです。

しかしそれは、以下に述べるように、2次方程式の非分解性を乗り越えることで、新たな数学の世界が広がるということでもあります。ここに2次方程式の重要性があるのです。

2次方程式では解の公式というものを作ることができて、それを機械的に適用する限りにおいては、$x^2 + 2x + 4 = 0$は、$x = \dfrac{-2 + \sqrt{-12}}{2}$, $x = \dfrac{-2 - \sqrt{-12}}{2}$という解らしきものを持つのです。

問題はゴジラ $\sqrt{-12}$ の扱いです。この世のものとみなすか否かです。つまり、"実係数とか、実数の範囲"とかいう、私たちにとってはあたり前な世界をブレイクスルーしなければならないということになります。そのために、$\sqrt{-12}$ を数とみなすという革命的なことを考えようというわけです。

$\sqrt{-12}$ は、いまの段階では、$\sqrt{-12} \times \sqrt{-12} = -12$ となる記号にすぎません。

実数では、$12 = 12 \times 1 = 1 + 1 + 1 + 1 + 1 + 1 + 1 + 1 + 1 + 1 + 1 + 1$ です。この1を実数単位と呼んでいます。1をもとにしてできていると考えるのですね。現実の問題としては、基準1を定めてそれをもとに測定して抽出してきたの

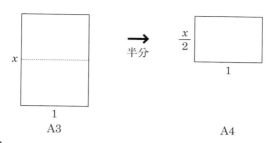

図14-1

なります。もっとも、実際の用紙を作るには無理数のままというわけにはいかないので、A4用紙は210㎜×297㎜、B4用紙は257㎜×364㎜となっています。このとき、297÷210 = 1.4142857…, 364÷257 = 1.4163424…です。横と縦の比率は、ほぼ$\sqrt{2}$ = 1.4142135…です。

　　註（たのめーる「たのくんのオフィス用品豆知識」より）：A判用紙は、19世紀のオズワルドというドイツの物理学者の発明。A判は面積が1㎡となる長方形（A0判）が原型、B判は美濃判という江戸時代の徳川御三家だけが使用できた日本特有のサイズで、B0判は1.5㎡となる長方形。

　円周率πもそうです。図形に関しては無理数が頻繁に出てきます。

　ところが、それでも足りなくなるのです。いえ、足りないのではなくて、少し欲張ることで違った世界が開けてくるということです。

　そのようなものの一つが**複素数**という数です。無理数が図形から出てきた数とすれば、複素数は方程式から生まれた数といえます。

　無理数の発見はピタゴラスにまで遡り、最初は線分の長さ

として扱われました。複素数が最初に論じられたのは16世紀のイタリアですが、形式化の最たるものと思われるほどに現実味に欠けたものでした。やがて歴史の経過とともに実質化されていきました。

　もともと、数の発展は、物の個数である離散的な量から始まって、長さや面積などの連続的な量、それに負の量も加えられ、それを有理数と無理数として整理して、演算に関しても完結している数（実数）として、視覚的に数直線上の点として統一的に捉えることができるようになりました。これはとても便利なことです。

（数直線）

図14-2

　直線上で0を挟んで、正と負の点の位置として明確に示したのは、イタリアの数学者ボンベリ（1526-1572）だそうです。

　これまでの数をさらに広げていく必要があるとすれば、もはや平面しかないことになります。そうなのです、複素数は平面上の数なのです。

　数直線は1次元なので実数は1次元の数ということになりますが、平面は2次元ですので、複素数は2次元の数ということです。もっとも、こうした考え方が広まるのは複素数が出現してからかなり後のことなのですが……。

　複素数については2次方程式の解のところで少しだけ説明をしました。

愛読者カード

あなたと出版部を結ぶ通信欄として活用していきたいと存じます。
ご記入のうえご投函くださいますようお願いいたします。

（フリガナ）
ご住所　　　　　　　　　　　〒□□□-□□□□

（フリガナ）
お名前　　　　　　　　　　　ご年齢　　　　歳

電話番号

★ブルーバックスの総合解説目録を用意しております。
　ご希望の方に進呈いたします（送料無料）。
　1 希望する　　　2 希望しない

<table>
<tr><td>この本の
タイトル</td><td></td></tr>
<tr><td></td><td>（B番号　　　　）</td></tr>
</table>

① **本書をどのようにしてお知りになりましたか。**
　　1 新聞・雑誌（朝・読・毎・日経・他：　　　　　　　） 2 書店で実物を見て
　　3 インターネット（サイト名：　　　　　　　　　） 4 X（旧Twitter）
　　5 Facebook　6 書評（媒体名：　　　　　　　　　　　　　　　　）
　　7 その他（　　　　　　　　　　　　　　　　　　　　　　　　　）

② **本書をどこで購入しましたか。**
　　1 一般書店　2 ネット書店　3 大学生協　4 その他（　　　　　　　　　）

③ **ご職業**　1 大学生・院生（理系・文系）　2 中高生　3 各種学校生徒
　　4 教職員（小・中・高・大・他）　5 研究職　6 会社員・公務員（技術系・事務系）
　　7 自営　8 家事専業　9 リタイア　10 その他（　　　　　　　　　　　）

④ **本書をお読みになって（複数回答可）**
　　1 専門的すぎる　2 入門的すぎる　3 適度　4 おもしろい　5 つまらない

⑤ **今までにブルーバックスを何冊くらいお読みになりましたか。**
　　1 これが初めて　2 1〜5冊　3 6〜20冊　4 21冊以上

⑥ **ブルーバックスの電子書籍を読んだことがありますか。**
　　1 読んだことがある　2 読んだことがない　3 存在を知らなかった

⑦ **本書についてのご意見・ご感想、および、ブルーバックスの内容や宣伝**
　　面についてのご意見・ご感想・ご希望をお聞かせください。

⑧ **ブルーバックスでお読みになりたいテーマを具体的に教えてください。**
　　今後の出版企画の参考にさせていただきます。

★下記URLで、ブルーバックスの新刊情報、話題の本などがご覧いただけます。
　http://bluebacks.kodansha.co.jp/

　ここで簡単におさらいをしましょう。$\sqrt{-1}$ を虚数単位と呼び、$\sqrt{-1} = i$ と表して（$i^2 = -1$）、$\sqrt{-3} = \sqrt{3}i$ というように表記しました。これを純虚数といいます。

　一般には、ai で表記されるものが純虚数です（a は実数）。これは単なる記号ですが、$ai \times ai = a \times a \times i \times i = a^2 \times i^2 = a^2 \times (-1) = -a^2$ という具合に、あたかも普通の数であるかのように計算することができます。

　そしてさらに、実数と純虚数との結合を記号 $+$ を用いて、$2 + \sqrt{3}i$ のように表記したものを複素数と呼ぶことにしたのです。

　さて、複素数を平面上で考えることで、2次元の数として実質化する数学マジックについて説明しましょう。

　いま、2本の数直線を1点Ｏで垂直に交差させた普通の座標平面を考えます。このとき、平面上の点は (a, b) という実数の対として捉えることができます。

　ここで、(a, b)　$\Leftrightarrow$　$a + bi$ という対応を考えます。つまり、平面上の点 (a, b) を複素数 $a + bi$ のことだと考えるわけです。この同一視によって、複素数を平面上の点と考えることにするのです。

$$(a, 0)　\Leftrightarrow　a + 0i = a, \quad (0, b)　\Leftrightarrow　bi$$

　$(a, 0)$ は横軸（Ｘ軸とします）上の点を示していますので、$a (= a + 0i)$ もＸ軸上の点だとみなせます（これは数直線ですので実数の全体とみなせます）。これは、実数が複素数の一部であるということを表現しているのです。

　同様に、$(0, b)$ は縦軸（Ｙ軸とします）上の点を示していますので、純虚数 bi はＹ軸上の点だといえます。

　こうして、座標を導入した平面をＸ軸は従来の数直線を

表すものとして考え、縦軸であるY軸は数直線の数 y に i をつけた yi と考えることにするのです。Y軸は純虚数の軸なのです。ただ、このY軸上の割り振りはまったくの形式的なことです。

　純虚数には大小関係はありませんので、下図のようにしたからといって $i < 2i$ という意味ではありません。これは単なる番地のようなものだと考えてください。

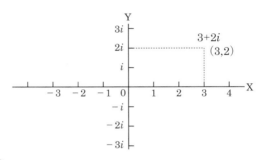

図14-3

　このような仮想の平面を考えました。通常の座標平面で (a, b) になる点は、この仮想平面の番地は (a, bi) となるわけです。

　"$(a, b) \quad \Leftrightarrow \quad a + bi$" とみなしているので、この平面上では $a + bi$ と表記することにします。

　このようにして考えた座標平面のことを**複素数平面**またはそれを論じたガウスにちなんで**ガウス平面**ともいいます。

　これをなぜ (a, bi) という扱いをせずに $a + bi$ とするかというと、その方が簡潔であること、そして一つの数として捉えようという意図からです。また、複素数は数学以外の分野でも頻繁に使われますが、それは次のようなベクトルとして

の扱いができるという長所もあるからです。

複素数の加法は $(2 + i) + (1 + 2i) = (2 + 1) + (1 + 2) i = 3 + 3i$ という具合に定義しましたが、それは下図のようにベクトルの加法（これを平行四辺形の法則と呼びます）に対応しています。

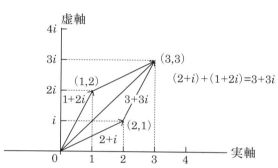

図14-4

図14-4の表記は、複素平面と普通の座標平面を重ねていると考えてください。したがって、座標の点は実座標平面の点として表記しています。

ただ、ルートの乗除の計算で気をつけることがあります。

実数では、$\sqrt{a} \times \sqrt{b} = \sqrt{a \times b}$，$\frac{\sqrt{a}}{\sqrt{b}} = \sqrt{\frac{a}{b}}$ $(a > 0, b > 0)$ でした。

虚数では、$\sqrt{-a} \times \sqrt{-b} = \sqrt{(-a) \times (-b)} = \sqrt{a \times b}$，

$\frac{\sqrt{a}}{\sqrt{-b}} = \sqrt{-\frac{a}{b}}$ $(a > 0, b > 0)$

は成り立ちません。

たとえば、$\sqrt{-3} \times \sqrt{-3} = -3$ ですから、$\sqrt{-3} \times \sqrt{-3} = \sqrt{(-3) \times (-3)} = \sqrt{3 \times 3} = \sqrt{3} \times \sqrt{3} = 3$ とはならないと

いうことです。

　間違いを防ぐためには、虚数記号を用いるとよいでしょう。$a > 0, b > 0$ ならば $\sqrt{-a} = \sqrt{a}i$, $\sqrt{-b} = \sqrt{b}i$ ですので、

$$\sqrt{-a} \times \sqrt{-b} = \sqrt{a}i \times \sqrt{b}i = \sqrt{a} \times \sqrt{b} \times i^2$$
$$= \sqrt{ab} \times (-1) = -\sqrt{ab}$$

$$\frac{\sqrt{a}}{\sqrt{-b}} = \frac{\sqrt{a}}{\sqrt{b}i} = \sqrt{\frac{a}{b}} \times \frac{1}{i} = \sqrt{\frac{a}{b}} \times \frac{i}{i \times i} = \sqrt{\frac{a}{b}} \times (-i)$$
$$= -\sqrt{\frac{a}{b}}i = -\sqrt{-\frac{a}{b}} \text{ となります。}$$

やはり、愛（i）はままならない存在!?

数学には
愛(i)が欠かせない

15 | 複素数と代数学の基本定理
カルダノの戯れ

　16世紀のイタリアでの話です。

　ジェロラモ・カルダノ（1501-1576）という人はいろいろと話題に事欠かない人だったようですが……。

　本業は医者で腸チフスの発見者です。ある書では、「四十年以上にもわたって、毎日賭博に興じていた」と書かれており、『サイコロ遊びの書』と題する小冊子まで書いていたとのことですから相当の入れ込みようだったことは間違いないようです。そこには、「カードを切って特別な札をうるには、石鹸でそのカードをこすればかなり効果がある」などと書かれているとのことで（モリス・クライン著　中山茂訳『数学文化史 　（下）』 　河出書房新社　1962）、そのイカサマぶりが読み取れます。

　これから述べる3次方程式の解法もニコロ・フォンタナ（1499-1557）という人のもので、絶対に公開しないという約束でカルダノに教えたらしい。それをカルダノが『偉大なる術』という自著の中で暴露したということのようです。その結果、カルダノの名前が付されることになったとか。この書では4次方程式についても解かれており、それも弟子が解いたものだという説もあります。占星術にも凝っていたようで、自分の死期を予言して外れたのですが、当日自死したとのことです。

相当にハチャメチャな人だったようですが、科学的な成果もいくつもあり、科学者としても有能だったようです。

彼の名がついた3次方程式 $x^3 = px + q$ に対する解の公式（カルダノの公式）を使って、数直線を考えたボンベリが3次方程式 $x^3 = 15x + 4$ を解いてみたそうです。この人はカルダノの弟子でした。そうしたら、$\sqrt[3]{2 + \sqrt{-121}} + \sqrt[3]{2 - \sqrt{-121}}$ となったというのです。

$\sqrt[3]{a}$ という記号は、「3乗根」「立方根」などと呼ばれ、$\sqrt[3]{a} \times \sqrt[3]{a} \times \sqrt[3]{a} = (\sqrt[3]{a})^3 = a$ となる数の意味です。$\sqrt{a}$ の意味は、$\sqrt{a} \times \sqrt{a} = a$ ということです。$\sqrt[3]{27} = \sqrt[3]{3^3}$ は3のことですし、$\sqrt{25}$ は5のことです。

$\sqrt[3]{2 + \sqrt{-121}}$ というのは、$(\sqrt[3]{2 + \sqrt{-121}})^3 = 2 + \sqrt{-121}$ ということです。ここで問題なのは、この右辺の $\sqrt{-121}$ は何か？　ということです。すでに前節では純虚数として紹介済みですが、もちろん当時はまだそのような考え方はありませんでした。

そこで、数であるかどうかは無視して、まったく形式的にこれまでの数やルートの計算規則などに従うものだとして計算します。すると次のようになります。

$$\sqrt[3]{2 + \sqrt{-121}} = 2 + \sqrt{-1}, \quad \sqrt[3]{2 - \sqrt{-121}} = 2 - \sqrt{-1}$$

ぜひ、$(2 + \sqrt{-1}) \times (2 + \sqrt{-1}) \times (2 + \sqrt{-1}) = 2 + \sqrt{-121}$ となることを確かめてみてください（$\sqrt{-121} = \sqrt{-(11 \times 11)} = 11\sqrt{-1}$）。

すると $\sqrt[3]{2 + \sqrt{-121}} + \sqrt[3]{2 - \sqrt{-121}} = (2 + \sqrt{-1}) + (2 - \sqrt{-1}) = 4$ となります。4は確かに $x^3 = 15x + 4$ の解ですので、$\sqrt[3]{2 + \sqrt{-121}} + \sqrt[3]{2 - \sqrt{-121}}$ は解だということ

になります。つまり、カルダノの公式に当てはめると
$\sqrt{-121}$ という実数ではないものが出てくるのですが、それ
を数のように計算をすると下のようになるわけです。

$$\sqrt[3]{2 + \sqrt{-121}} + \sqrt[3]{2 - \sqrt{-121}} = 4$$

　この式の右辺の整数4は実数です。しかし、それが得体の
しれない $\sqrt{-121}$ によって表されていることになります。

　すでにお話ししたように、この $\sqrt{-121}$ のような存在は後
に虚数と呼ばれ、新しい数の複素数のもととなります。いろ
いろと話題の尽きないカルダノですが、虚数を導入したのは
彼の功績だったようです。

　もっとも、このようなことは、これまでも数の広がりを考
えたときに起きていたことです。$4 = 8/2$ ですし、 $4 = -$
$(-8/2)$ でもあるわけです。4は整数ですが、それが分数で
も負の数でも書けるのです。まだ正の整数の世界しか知らな
いとしたら、$-8/2$ は記号以外の何物でもないわけです。

　16世紀のヨーロッパでは、虚数はおろか負の数すら怪し
げなものだと考えられていました。それは単に実利的で便宜
的なものとみなされており、複素数にいたっては、信頼に値
する数であると認められるようになるのは19世紀の後半で
す。

　嘘から出た真実になるまでには相当時間がかかるというこ
とですね。

　このように、歴史的には、複素数は3次方程式の解の表記
への疑問から派生しました。

　では、4次方程式や5次方程式などを解くためにはさらな
る新しい数が必要なのか？　という点が気がかりですが、幸

いにも複素数まであれば十分なのです。

　それが、次の代数学の基本定理と呼ばれるものです。1799年にドイツの数学者ガウスによって示されました。

　代数学の基本定理
　(1)係数$a_n (n \geq 0)$が実数であるn次代数方程式
$$a_n x^n + a_{n-1} x^{n-1} + \cdots + a_1 x + a_0 = 0 \ (a_n \neq 0)$$
は、複素数の範囲で必ず解を持つ。
　(2)同じく、複素数の範囲で（重複を許して）n個の解を持つ。

　つまり、複素数まであれば十分であることを保証しているのです（この基本定理は、係数$a_k (k = 0, 1, 2, 3, \cdots, n)$が複素数であっても成り立ちます）。

　この基本定理で重要なことは、代数方程式は複素数の範囲で必ず解があるということです（ただ、最後に触れますが、具体的に解く方法があるかどうかは別のことです）。

　したがって、下記の因数定理によって、その方程式を定義する多項式は複素数の範囲で必ず1次式に因数分解ができることになります。これが方程式を解くときに因数分解を考える一つの理由でもあるのです。

　因数定理
　n次多項式$f(x)$で、$x = \alpha$としたとき$f(\alpha) = 0$ならば、$f(x)$は$(x - \alpha)$で割り切れる。
　また、その逆も成立する。
　$\Leftrightarrow$　$f(\alpha) = 0$ならば、$x = \alpha$は代数方程式$f(x) = 0$の解で

あり、その逆も成立する。

　つまり、実係数の多項式は実数の範囲では、必ず１次式と２次式の因数には分解できるということです。これが２次方程式の第13節で述べたガウスの定理です。

　複素数の数としての実質化は19世紀後半以降で、解析学と結びつき複素関数論が生まれ、物理学や電気工学などの発展にとって重要となることで認知されていきました。

　中学校で学んだ２次方程式の解の公式もこの拡張された数（複素数）の範囲ですべて意味を持つようになります。こうして、中学校までの学習と高校での学習がうまく繋がるのです。

　残念ながら、解の公式があるのは４次方程式までです。

　５次以上の代数方程式の解を、係数の四則演算（＋、－、×、÷）と累乗根を使った演算だけによる代数式で表すことのできる一般的な公式は存在しません。

　これは19世紀の初めに、26歳で逝去した若きノルウェーの数学者ニールス・アーベル（1802-1829）によって証明されたものです。

第 3 部

関数と微積分

指数、対数から微分方程式へ

代表的な関数である指数関数と対数関数について、指数法則を関数として捉える数学的な考え方を、また逆関数という考え方から対数関数が定義されることを説明します。また、続く微積分学では、微分法は接線の引き方から考案された点、そして、それが積分の逆であるという原理が発見された点について述べます。その結果、面積計算が楽になり、それらの発見が微分方程式につながっていくのです。

指数関数
喜びも悲しみも幾年月

指数は規則的な細胞分裂などを表すときに登場します。1個の細胞が一定の時間で2個に分裂するとしますと1回目の細胞分裂で2個になります。2回目では $2 \times 2 = 4$ 個になります。したがって3回目では $2 \times 2 \times 2 = 8$ 個です。2×2 は2を2回掛けているので 2^2 と書き表せます。こうして、n 回目には $2 \times 2 \times 2 \times \cdots \times 2$ になるので、これを 2^n と表します。2^1 は2のことです。これを2の累乗といい、2の肩についている数 n を指数といいます。いまの場合は、n は1個の細胞が分裂した回数を示しているので正の整数です。

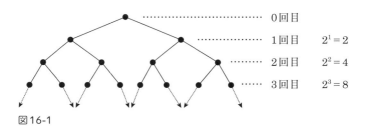

図16-1

特に、0回目も考えて、$2^0 = 1$ とします。累加（同じ数を加えていくこと）と累乗では圧倒的な差がつきます。

$2 + 2 + 2 + 2 + 2 + 2 + 2 + 2 + 2 + 2 = 20$ ですが、$2^{10} = 2 \times 2 \times 2 \times 2 \times 2 \times 2 \times 2 \times 2 \times 2 \times 2 = 1024$ なので、

累乗は飛躍的に増えるのです。

　次のような逸話をどこかで聞かれたことはないでしょうか。

　豊臣時代の逸話です。手柄を立てた家臣がご褒美に何がいいかとお殿様から聞かれました（これはある逸話を少し変えたものです）。

「今日は1文ください。明日はその2倍ください。その次の日はさらにその2倍ください。それを1ヵ月ほど続けていただけますか？」お殿様は「わかった。お前は謙虚で、欲のない奴だな」と褒めてくれたということです。

　皆さんがお殿様だったらこの約束をしますか？

　お殿様は4〜5日分を計算して欲のない奴だと思われたのでしょうかね。

　そこで30日目を計算しますと1文×$2^{29}=536870912$文となります。1文が1円だったとしたら、なんと5億円を超えてしまいます。このように、累乗は途中から爆発的に増えるというのが特徴です。

　似たような話は外国にもありますから、指数的増加というのはかなり古くから話題になっていたようです。

　累乗はそのような特徴を持つ現象を解析するために使われます。したがって、それを関数として利用するためには、指数nを実数全体にまで広げる必要があります。

　そこで、ここでは任意の実数xに対して、「2^x」をどう考えればよいのかということを中心にお話しします。

　たとえば、$x=\sqrt{2}$ のとき、$2^{\sqrt{2}}$ って何のことかな？　ということです。

　そのことを考える前に、指数法則と呼ばれる指数の持つ規

則性を見ておきます。

次の(1)(2)が正の整数 n, m に対して成り立つということの説明の必要はないでしょう。

(1) 正の整数 n, m に対して、$2^n \times 2^m = 2^{n+m}$ である。

(2) 正の整数 n, m に対して、$2^{n \times m} = (2^n)^m$

これらの性質(1)(2)を実数全体でも維持されるようにしたいわけです。数学的な拡張というのは、このように、そのもとにある性質が保存されるように行うことが重要なのです。

さて、実数が有理数と無理数からなっていることに目をつけます。

$\sqrt{2}$ は無理数ですので、いきなり $2^{\sqrt{2}}$ の意味を考えるのは難しいです。そこで、まずは有理数の場合から取り組むことにします。このような方法は数学の常套手段です。

(a) 指数が有理数の場合

有理数は二つの整数 n, m を使って $\frac{n}{m}$ と表せます。そこで $2^{\frac{n}{m}}$ の意味を確定しなければなりません。いま、二つの整数は $n > 0, m > 0$ とします。

もし、指数法則(2)が維持されるとすれば、$\frac{n}{m} = \frac{1}{m} \times n$ なので $2^{\frac{n}{m}} = (2^{\frac{1}{m}})^n$ となってほしいのです。したがって、$2^{\frac{1}{m}}$ が確定できればよいことになります。

そこで同じく(2)が成り立てば、$\frac{m}{m} = \frac{1}{m} \times m = 1$ より、$2 = 2^{\frac{m}{m}} = (2^{\frac{1}{m}})^m$ ですから、$2^{\frac{1}{m}}$ は m 回かけると 2 になる数ということになります。このような数を $\sqrt[m]{2}$ と表し、2 の m 乗根と呼んでいます。

たとえば、$\sqrt{2}$ は 2 の 2 乗根 $\sqrt[2]{2}$ のことですが、$\sqrt[2]{}$ の 2 は省略して使っているのです。$\sqrt[3]{2}$ は 2 の 3 乗根です。$\sqrt[3]{2} \times \sqrt[3]{2} \times \sqrt[3]{2} = 2$ です。もちろん、このような数は実数

です（節末（＊）を参照）。

（＊）から $2^{\frac{n}{m}}$ の意味が確定したので $2^{\frac{n}{m}} = (2^{\frac{1}{m}})^n$ が定義されたことになります。こうして、 $2^{\frac{n}{m}} = 2^{\frac{1}{m}} \times 2^{\frac{1}{m}} \times \cdots \times 2^{\frac{1}{m}} (= (\sqrt[m]{2})^n)$ となります。

次に $\frac{n}{m}$ が負のときを考えますが、事前段階として、累乗の指数 n（整数）が負の場合を考えておきます。そこで、まず次の性質(3)を示します。

(3) $2^0 = 1$

これは最初の細胞分裂の場合に便宜的に述べましたが、もう少し深い意味があります。つまり、整数 $n = 0, m = 1$ に対して指数法則(1)が成り立つようにしたいわけです。

そこで、$0 + 1 = 1$ を適用すれば $2^0 \times 2^1 = 2^{0+1} = 2^1$ となるはずですから、$2^0 = 1$ ということになります。

ここで、累乗の指数 n（整数）が負の場合に戻ります。

指数法則(1)を維持しようとすれば、(3)より、整数 $n (> 0)$ と $-n$ に対して $n + (-n) = 0$ なので、$2^{n+(-n)} = 2^0 = 1$ です。一方、$2^n \times 2^{-n} = 2^{n+(-n)} = 2^0 = 1$ としなければならないから $2^n \times 2^{-n} = 1$ となりますので、$2^{-n} = \frac{1}{2^n}$ ということになります。

こうして整数 $n (> 0)$ 対して、次の性質が成り立ちます。

(4) $2^{-n} = \frac{1}{2^n}$

このことと法則(1)を維持することを使えば、さらに次のことが成立します。

(5) 正の整数 n, m に対して、$2^{n-m} = 2^{n+(-m)} = 2^n \times 2^{-m} = \frac{2^n}{2^m}$

ここで、(3)〜(5)以前の課題、$\frac{n}{m}$ が負のときに戻りましょう。

負の有理数 $\frac{n}{m}$ ($n < 0$, $m > 0$ となる整数と考えても一般性を失うことはない) を考えます。ここで $n = -k$, $k > 0$ とします。$2^{\frac{n}{m}} = 2^{\frac{-k}{m}}$ をどう定義するかということです。

　$\frac{-k}{m} = \frac{k}{m} \times (-1)$ です。$m > 0$ と $k > 0$ のときは $2^{\frac{k}{m}}$ は確定しているので、(2)(4)の法則が維持されると考えれば

$$2^{\frac{n}{m}} = 2^{\frac{-k}{m}} = 2^{\frac{k}{m} \times (-1)} = \left(2^{\frac{k}{m}}\right)^{-1} = \frac{1}{2^{\frac{k}{m}}} \quad \text{となり、} \quad 2^{\frac{n}{m}} = $$

$2^{\frac{-k}{m}}$ が定義されました。こうして、

$$2^{\frac{n}{m}} = \frac{1}{2^{\frac{k}{m}}} = \frac{1}{\left(\sqrt[m]{2}\right)^k} \quad (n = -k, \ k > 0, \ m > 0)$$

　次は無理数の場合です。いよいよ仕上げです。

(b) 指数が無理数の場合

　これから述べることも数学の常套手段なのです。まずそのことを念頭においてください。

　すべての実数は有理数列の極限として得られるという点を用います（第10節を参照）。それは、α を無理数とすると α に収束する有理数の列 $\{a_n\}$ ($n = 1, 2, 3, \cdots, k, \cdots$) が存在するということです。$a_1, a_2, a_3, \cdots, a_k, \cdots \quad \rightarrow \quad \alpha$（記号的には $\alpha = \lim\limits_{n \to \infty} a_n$）

　このとき、2^α をどのように定義するかということです。詳しいことは抜きにして概略を示せば次のように考えます。

　$2^{a_1}, 2^{a_2}, \cdots, 2^{a_n}, \cdots$ を考えます。このとき、指数法則が有理数の場合に成り立つことを(a)で示したので、$2^{a_n} \div 2^{a_m} = 2^{a_n - a_m}$ (n, m は正の整数) が成り立ちます。

　$\alpha = \lim\limits_{n \to \infty} a_n$ ということは、n, m が非常に大きければ、

$|a_n - a_m|$ は非常に小さくなることを意味します。なぜなら、

$|a_n - a_m| = |(a_n - \alpha) + (\alpha - a_m)| \leqq |a_n - \alpha| + |\alpha - a_m|$

ですので、n, m が大きければ a_n も a_m も α に近づいていくため、n, m を大きくしていけば、$|a_n - a_m| \to 0$ になり、$2^{a_n - a_m} \to 2^0 = 1$ ということになります。

こうして、n, m を大きくしていけば $2^{a_n} \fallingdotseq 2^{a_m}$ となり、一定の数値になっていくというわけです。これを 2^α とするのです（第10節でも述べたように、収束や極限のことは別途厳密な議論が必要ですが、そのことは確立されているとして感覚的に理解していただければよいかと思います）。

$\alpha = \lim\limits_{n \to \infty} a_n$ ですので、数列 $2^{a_1}, 2^{a_2}, \cdots, 2^{a_n}, \cdots$ の極限として定まるものを 2^α と考えます。

$$2^\alpha = \lim_{n \to \infty} 2^{a_n}$$

記号的に表記すれば $2^\alpha = \lim\limits_{n \to \infty} 2^{a_n} = 2^{\lim\limits_{n \to \infty} a_n}$ ということになります。これで2の無理数乗の定義ができました。

このとき、極限の性質より、任意の無理数 α, β に対しても、(1)〜(5)までの指数法則が成り立つのです。

こうして、任意の実数 x に対して 2^x が一通りに決まります。これを $y = 2^x$ と書いて、y は x の**指数関数**であるといっているわけです。

おおまかなグラフを書くと図16-2のようになります。

これまでは2について話をしてきましたが、今までの話では2は本質的ではありませんでした。同様のことは一般の実数 $a\,(> 0)$ に対しても考えられます。

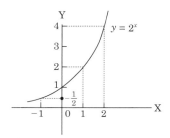

図16-2

　こうして、関数 $y = a^x$ を考えることができます。

　このときの実数 a を底といい、関数 $y = a^x$ は実数 a を底とする指数関数と呼ばれます。$a > 0$ としますが、$a = 1$ は意味がないので $a \neq 1$ です。

　任意の実数 p, q に対して、これまで示してきた性質はすべて成り立ちます。

$$(1) \quad a^p \times a^q = a^{p+q}$$

$$(2) \quad a^{p \times q} = (a^p)^q$$

$$(3) \quad a^0 = 1$$

$$(4) \quad a^{-p} = \frac{1}{a^p}$$

$$(5) \quad a^{p-q} = \frac{a^p}{a^q}$$

　ところで、(3)の $a^0 = 1$ という性質は、15世紀のはじめにサマルカンド（ウズベキスタン）のアル＝カーシー（1380-1429）という数学者の書物に初めて登場し、それとは独立に同じ15世紀に、フランスのニコラ・シュケー（1445頃-1488頃）という数学者の書物に0と負の指数が見られるとのことです（Г. И. グレイゼル著『グレイゼルの数学史3』

大竹出版　1997）。

　いろいろな底aに対する指数関数$y = a^x$のグラフは図のようになります。

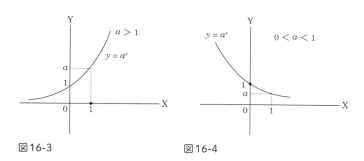

図16-3　　　　　　　　　図16-4

　$a > 1$のときは、右上がりで、最初は緩やかですが途中から急激に上昇します。一方、$0 < a < 1$のときは、右下がりで、最初は急激ですが途中からは緩やかに減少します。

　この指数関数は、自然界や生活の中に深く入っています。自然界の事象では、増加率や減少率が現在量に比例するという性質のものが多くあり、それは必然的に指数関数になるのです。一方、生活の中ではやはりお金の話題でしょうか。銀行からお金を借りたときの複利の計算も指数関数の例です。お金1000万円を年利10％で10年借りると10年後の支払いは、1000万円 $\times (1 + 0.1)^{10} = $ 約2594万円になります。これがサラ金やクレジット金融になると利子が非常に高く、しかも月利で計算されるものがあります。30万円を月利20％で借りると最初の3ヵ月くらいなら51万8000円くらいですが、15ヵ月も借りると30万円 $\times (1.2)^{15} = $ 約462万円で

す。冒頭でもお話ししましたが、指数関数の怖いところは、ある時点から急激に増えるということです。1000万円を超えるのに2年も必要ないのです。非常に要注意の関数なのです。

（＊）$2^{\frac{1}{m}} = x$とします（mは正の整数）。このxが（実数として）定まることは次のように考えればよいのです。

指数法則(2)より、$x^m = 2$です。こうして、$2^{\frac{1}{m}}$は代数方程式$x^m - 2 = 0$の解の一つとなります。そこで、$y = x^m$と$y = 2$の二つの曲線（一方は直線ですが）を考えます。このとき、$x^m = 2$（$x^m - 2 = 0$）は二つの曲線の交点を求める方程式ですから、その交点のX座標がこの方程式の（実数）解になります。

曲線$y = x^m$は下図(ア)(イ)のようになります。

(ア) $m = $ 偶数の場合：$x^m = (-x)^m$なのでY軸対称

(イ) $m = $ 奇数の場合：$-x^m = (-x)^m$なので原点対称

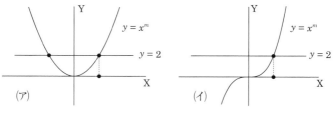

図16-5

$y = 2$はX軸に平行な直線なので、(ア)(イ)のいずれとも交点を持ちます。その正の方のX座標を$2^{\frac{1}{m}}$とします。こうして、$x = 2^{\frac{1}{m}}$は実数としてただ一つ定まります。

17 | 対数関数
掛け算を足し算にする魔術

　数学とはよくできたもので、借金の金利のように最初は安心させて後で地獄を見る関数（指数関数）があるかと思えば、サラリーマンの給与のように最初のうちだけ喜ばせて次第に頭打ちになっていく関数もあるのです。これから紹介する**対数関数**は後者にあたり、指数関数と裏表の関係にあります。

　対数関数は**対数**の概念をもとに成長した関数です。歴史的には、対数の概念は計算のための数表の作成から生じました。というのは、対数という概念が数の計算の上で都合のよい、たとえば、大きい数字同士の計算を容易にするという性質を持っていたからです。（第18節参照）。なお、数表とは無関係に、ある曲線で囲まれた面積の持つ性質という、まったく別の数学上の発見からも対数は発展を遂げたのですが、ここではそのことには触れません。

　この節では、対数関数は指数関数から定義される関数だという観点から説明します。

　そこで、まずは対数という概念を明確にしておきましょう。

　まず、ある数 $a \, (> 0)$ を一つ固定します。このとき、任意の数 $b > 0$ に対して、$b = a^x$ となるような数 x のことを数 b の対数といいます。厳密には、「数 x は、数 a を底とする数 b

の対数」となります。このとき、数 b のことを真数といいます。

　数 a を固定したときに、指数 x を与えて a^x を求めるのが指数関数でした。今度は、数 b が与えられたときに、$b = a^x$ となるような指数 x を求めることになるので、この操作は指数関数の逆の操作になります。同じ x でも呼び名が違ってくるわけです。

$$x \longrightarrow a^x \quad （この対応が指数関数）$$
$$（b = a^x）となる \quad x \longleftarrow b \quad （その逆の操作）$$

　たとえば、底が $a = 2$ で $b = 16$ であれば、$16 = 2^4$ なので、指数 4 を「2 を底とする真数 16 の対数」というわけです。では、底 $a = 2$ で $b = 10$ の対数はいくつですか？　と問われると……困ったな？　……となってしまうのです。正解は、おおよそ3.32です。つまり、$10 \fallingdotseq 2^{3.32}$ ということです（私も暗算ではできません。関数電卓を使用しました）。

　このように、任意に正の数を指定しても、キリのよい数字でもなければ、与えられた底の対数をただちに答えることはできません。しかし、原理的にはそのような数はいつでも存在します。

　このことをグラフで視覚的に見てみましょう。

　図17-1は指数関数 $y = 2^x$ のグラフです。グラフは対応の仕方を示しています。いま、グラフ上の矢印 "$x \to y$" で対応を示します。これは、"x を（X軸上に）入力して y を（Y軸上に）出力する" ということです。

　$1 \to 2$, $1.5 \to 2.8284\cdots$, $\sqrt{3} \to 3.3219\cdots$, $2 \to 4$ といった具合です（図17-1左）。

　ところが、対数を求めると対応はその逆になります。これ

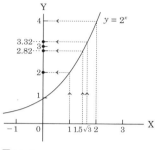 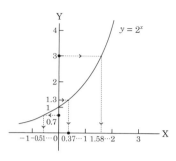

図 17-1

を同じグラフ上で考えてみます。

　ある正数を任意に考えます。仮に 3 としましょう。このとき、Y 軸上に 3 を取り、図 17-1 右から矢印をたどれば、X 軸上に $3 = 2^\alpha$ となる α を決めることができます。つまり、α の具体的な値はわかりませんが、3 の対数 α の存在については確認ができます。

　同様に、たとえば 1.3 や 0.7 についても、$1.3 = 2^\beta$、$0.7 = 2^\gamma$ となる数 β、γ が存在することがわかります。つまり、β は 1.3 の対数で、γ は 0.7 の対数です（その具体の値は、$\alpha = 1.5849\cdots$、$\beta = 0.3785\cdots$、$\gamma = -0.5145\cdots$ です）。

　こうして、グラフの説明からわかるように（指数関数の逆道をたどれば）、「すべての正の実数に対してその対数が必ずただ一通りに決まる」わけです。

　もう一度図 17-1 右のグラフに注目します。矢印が、通常のグラフのように、入力を横軸（X）にして出力を縦軸（Y）になるようにしてみます。そのためには、指数関数のグラフの X 軸と Y 軸を取り替えればよいのですが、ここで

は、次のようにして実現してみます（図17-2）。

$y = 2^x$ のグラフを、原点固定で90°右向きに回転させ、さらに横軸を固定したまま上と下とを入れ換えます。ここで横軸をX軸（変数 x）、縦軸をY軸（変数 y）とすることで実現します。

このグラフ（右図）は指数関数とは異なる曲線になっています。この曲線を表す関数がこれから説明する対数関数なのです。

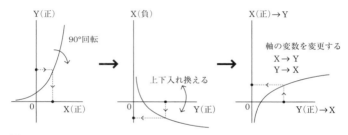

図17-2

このとき、新しい関数の曲線（図17-2右）と指数関数の曲線（図17-2左）は、直線 $y = x$ に関して対称になっているように見えます。そのとおりです。直線 $y = x$ に関して対称になっています。その理由を図17-3から考えてみてください。

これは "x と y の役割を入れ換えている" ことをグラフ的に示しています。関数的にいいますと、

指数関数 $y = 2^x$ →〈x と y の役割を入れ換える〉→ $x = 2^y$
となります。

そこで、$x = 2^y$ を "$y = \cdots$" という形に書き換えると、

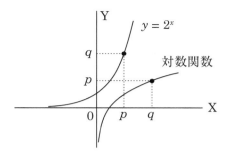

図17-3

新しい関数、つまりこのグラフを表す関数が得られるという
わけです。この関数こそが対数関数です。

"…"を$\log_2 x$という記号で表します。底が2である対数関
数と称します。

$$x = 2^y \quad \Leftrightarrow \quad y = \log_2 x$$

"log" というのは、logarithm（対数）を略した数学記号
で、世界共通です。このように、xとyの役割を入れ換えて
できる関数のことをもとの関数の**逆関数**といいます。対数関
数は指数関数の逆関数だということですね。

ただし、どんな関数でもこのことが可能というわけではあ
りません。1対1という条件が必要です。指数関数は1対1
対応なので逆関数を考えられるということです。

一般に$a > 0$のとき、底をaとする指数関数$y = a^x$はいつ
でも存在しますので、その逆関数である対数関数$y = \log_a x$
もいつでも考えることが可能です。

$$y = \log_a x \quad \Leftrightarrow \quad x = a^y$$

底が1より大きな対数関数は先にいくほど緩やかな変化に
なっています。これが冒頭で申し上げた「給与の頭打ち」の

お話です。

　さて、対数関数 $y = \log_a x \ (x > 0)$ は下記に示すような特徴を持っています。それは、指数関数の逆関数ということから出てくる性質なのです。

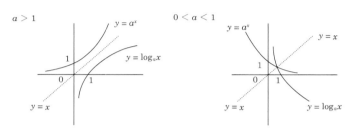

図17-4

(1) $y = \log_a a^\alpha = \alpha$ （このとき $\alpha = 1$ ならば $y = \log_a a = 1$ となります）

　　$a^\alpha = a^y$ ですから $a^\alpha / a^y = a^{\alpha - y} = 1$, $a^0 = 1$ なので

　　$\alpha - y = 0 \quad \Leftrightarrow \quad y = \alpha$

(2) $y = \log_a x^\alpha = \alpha \log_a x$

　　いま $\log_a x = z$ とします。

　　このとき $x = a^z$ なので、$\log_a x^\alpha = \log_a (a^z)^\alpha = \log_a a^{z\alpha}$
　　$= z\alpha = \alpha \log_a x$ （(1)より）

(3) $y = \log_a (x_1 \times x_2) = \log_a x_1 + \log_a x_2$

　　なぜなら、$\log_a x_1 = z_1$, $\log_a x_2 = z_2$ とすれば、

　　$x_1 = a^{z_1}$, $x_2 = a^{z_2}$ ですので、

　　$y = \log_a (x_1 \times x_2) = \log_a (a^{z_1} \times a^{z_2}) = \log_a a^{z_1 + z_2}$
　　$= z_1 + z_2 = \log_a x_1 + \log_a x_2$ （(1)より）

(4) $y = \log_a (x_1 \div x_2) = \log_a x_1 - \log_a x_2$

　なぜなら、(2)より $-\log_a x_2 = \log_a (x_2)^{-1}$ ですので、$\log_a x_1$ $-\log_a x_2 = \log_a x_1 + \log_a (x_2)^{-1} = \log_a (x_1 \times (x_2)^{-1}) = \log_a (x_1 \div x_2)$　((3)より)

　とくに、この(3)(4)の性質、

　　　掛け算　⇒　足し算にできる

　　　割り算　⇒　引き算にできる

という特質こそが、大きな数同士の計算を合理化できる、いわば対数を使う「最大のメリット」といえるでしょう。

　複雑な数の計算を考えたとき、この「掛け算を足し算」に、「割り算を引き算」にしてしまう性質は計算を簡単にしてしまう魔法に見えるのではないでしょうか？　実際にそのように考えて、数表（対数表）の作成に没頭した職人気質の人々がいました（第18節参照）。それが対数の始まりでもあります。

　また、$a^0 = 1$ なので、

(5)$\log_a 1 = 0$　（$y = \log_a x$ のグラフは、X軸と $x = 1$ で交わるということです）

　任意の正の実数 a, b に対して、$\log_a x$ と $\log_b x$ の変換公式が成り立ちます。

(6)$\log_a x = \dfrac{\log_b x}{\log_b a}$　（底の変換公式）

　$p = \log_a x$　$q = \log_b x$ としましょう。

　このとき、$x = a^p = b^q$ です。

　ここで、$x = a^p$ に対して b を底とする両辺の対数を考えます。

　対数の性質(2)より、

$$\log_b x = \log_b a^p = p\log_b a = \log_a x \cdot \log_b a$$

$$\therefore \quad \log_a x = \frac{\log_b x}{\log_b a}$$

ところで、解析学や応用の分野でよく使われるのは底が e の場合です。e は**ネイピア数**と呼ばれる定数（2.718281828 …）です（第22節参照）。

また、実用上でよく使われるのは底が10の場合です。底が10の場合を常用対数、底が e の場合を自然対数と呼んでいます。

この2つがよく使われる主な理由は下記のとおりです。

(a) 底10が重要なのは、私たちが使っている数は十進数表記であるため

(b) 底 e が重要なのは、数学上の重要さ以外に、自然科学を始めとして応用の分野では自然対数を使うことが多いため（$\log_e x$ の代わりに $\log x$ や $\ln x$ という表記が多い）

その点を踏まえた上で、

(c) 通常、対数の計算を行うには、この二つの対数関数の対数表があれば十分であること

それは、底の変換公式(6)があるからです。

底10と底 e の換算式は次のようになります。

$$\log_{10} x = M \cdot \log_e x, \quad M = \log_{10} e = 0.434294481\cdots$$

（無理数）

自然科学において、対数はさまざまな指標に使われています。その一例が、地震の大きさを示すマグニチュードです。

概略ですが、その一つを紹介しましょう。

ある定められた特定の位置で測った地震計の最大振幅（amplitude）を A とするとき、そのマグニチュード M は

$M = \log_{10} A$ で表されます。したがって、マグニチュードが 1 だけ違うとき、実際の揺れの大きさは 10 倍になります。

　次のように示せます。

　つまり、$M_1 = \log_{10} A_1$, $M_2 = \log_{10} A_2$ とします。

　このとき、 $M_1 - M_2 = \log_{10} A_1 - \log_{10} A_2 = \log_{10} \frac{A_1}{A_2}$ となりますので、$10^{M_1 - M_2} = \frac{A_1}{A_2}$ です。

　もし $M_1 - M_2 = 1$ ならば $10^1 = \frac{A_1}{A_2}$ ですので、$A_1 = 10A_2$ となるというわけです。

　最近も能登半島地震が発生しました。日本は地震列島です。マグニチュードが 1 しか違わないからといって安心は禁物なのです。

18 | 職人気質（対数表）
計算機のない時代の宝物

　16世紀のヨーロッパでは、ルネサンス期を経て海外での交易も盛んになり、その結果、計算の必要性が増えました。GPSのない時代には、とりわけ、天文学や航海術で桁数の多い計算の精密な処理が必要になったのです。いかにして効率よく、桁数の多い計算を正確に行うかということは喫緊の課題だったわけです。

　こうした計算に供するために、**対数関数**の持つ性質（第17節で説明した(3)(4)）に目をつけ（後述するように、16世紀当時は、まだ等比数列と等差数列の関係なのですが）、それを具現する数表が現れました。それが今日の**対数表**の走りです。

$$(3) \log_a(x_1 \times x_2) = \log_a x_1 + \log_a x_2$$

$$(4) \log_a(x_1 \div x_2) = \log_a x_1 - \log_a x_2$$

その概要について簡単に述べておきましょう。

　古代ギリシャのアルキメデス（紀元前287-紀元前212）の時代には、等比数列（累乗）と等差数列（累加）の数学的関係（指数法則）についてはおぼろげながらわかっていたよう

等比数列：	1	10	10^2	10^3	10^4	10^5	10^6	$\cdots$
等差数列：	0	1	2	3	4	5	6	$\cdots$

図18-1

です。

アルキメデスの『砂の計算者』では次のような趣旨のことが述べられています。「たとえば $10^2 \times 10^4$ は、等比数列上の 10^2 の位置（最初の1から2つ分右に動いた位置）だけ、10^4 から移動した（2つ分右に動いた）ところにある数（10^6）になる、つまり $10^2 \times 10^4 = 10^6$」といった具合に考えていたのです。なんらかの規則性のようなものに気づいてはいたものの、明確に指数の足し算 $2 + 4 = 6$ として考えていたわけではなかったようです。

このことを指数という概念で明確にしたのは、ドイツの数学者のミハエル・シュティーフェル（1487-1567）ですが、当時はまだ累乗 a^2 のような指数表記は発達しておらず、著書『Arithmetica integra』（1544年）で累乗の2を exponent（指数）として扱い、負の指数も導入し、指数法則（つまり指数の和と累乗数の積の関係）についても言及しています。

ただし、これらのヒントをもとに（つまり、前述の(3)(4)の性質を用いた）、計算に資する表を作ろうとする企ては、結構無謀なものなのです。その理由を説明します。

(3)(4)の性質を使って、たとえば $y = \log_2 x$ による 3.3×3.7 の計算を考えてみます。

まず、(3)の性質から

$\log_2(3.3 \times 3.7) = \log_2 3.3 + \log_2 3.7$ となり、簡単な足し算にすることができました。しかし、ここからが大変です。(ア)$\log_2 3.3 =$ 底を2とする3.3の対数と $\log_2 3.7 =$ 同じく底を2とする3.7の対数を知る必要があります（ここで使っている対数は現在の対数関数＝指数関数の逆関数の意味です）。

ところが、残念ながらこれらの対数、すなわち「3.3の対

数」＝ 1.7224… と「3.7の対数」＝ 1.8875… はそう簡単には見つかりません。いまでは関数電卓や関数計算アプリといった便利なものがありますが、当時は、計算するしかありませんから、この値を求めるのは大変な困難を伴いました。

さらに、ここまでは首尾よくいったとしても、対数の加法 $\log_2 3.3 + \log_2 3.7 = (1.7224\cdots) + (1.8875\cdots) = 3.6099\cdots$ に対して、今度は $2^{3.6099\cdots}$ の計算ができないと、掛け算 3.3×3.7 の計算結果が得られません。つまり、(イ)2の累乗 $2^{3.6099\cdots}$ を知る必要があるということです。これができれば、$2^{3.6099\cdots} = 12.209227\cdots$ となります（実際の計算は $3.3 \times 3.7 = 12.21$ ですが、どうしてもこのような計算では誤差は生じてしまいます）。

こうして、(3)(4)の性質を生かすにはこれら(ア)(イ)を同時に解決する手段が必要です。それが数表（**対数表**）でした。しかし、これもなかなか大変なことです。

大航海時代の16世紀当時、果敢にもこれらの数表づくりに挑戦した人々がいました（ここで紹介するのは、その中でも重要な役割を担った人々だけです）。

まずは、スイスのユースト・ビュルギ（1552-1632）です。彼の作った換算表は「等差数列と等比数列」と呼ばれるもので、それは対数の表というよりも、累乗（指数関数）の計算表でした。その数表の原理は次のようなものです。図18-2の上は初項0で等差が0.0001となる等差数列を、下は

等差数列 (x)：	0	0.0001	0.0002	0.0003	$\cdots$
等比数列 (y)：	1	$(1.0001)^1$	$(1.0001)^2$	$(1.0001)^3$	$\cdots$

図18-2

初項1で公比が1.0001である等比数列をそれぞれ考えています。

この二つの数列は、次のように関連づけられていました。

等差数列のxに対して、等比数列のyは$y = 1.0001^{10^4 x}$となっています。$10^4 x = 1(x = 0.0001), 2(x = 0.0002), 3(x = 0.0003)\cdots$。つまり、$y = 1.0001^{10^4 x} = (1.0001^{10^4})^x$ですので、図18-2の下側は$1.0001^{10^4}$を底として、上側の数値の累乗を計算する表になっています。

次の表は（コロソフ著『数学課外よみもの（II）』 東京図書　1964　p.90）をもとにリフォームしたものです。

等差数列　　　　　　　　　　　　　等比数列

等差数列	等比数列
$x \longrightarrow$	$(1.0001^{10^4})^x = y$
0	$1(= 1.000000)$
0.0001	$(1.0001^{10000})^{0.0001} = 1.0001$
0.0002	$(1.0001^{10000})^{0.0002} = 1.0002$
0.0003	$(1.0001^{10000})^{0.0003} = 1.0003$
$\vdots$	$\vdots$
$1 \longrightarrow$	$1.0001^{10000} = 2.7181$
$\vdots$	$\vdots$
$2.3027 \longrightarrow$	$(1.0001^{10000})^{2.3027} = 9.9999 \fallingdotseq 10$

図18-3

(1.0001)を2万3000回以上も掛ける計算です。完成に8年かかったというのも納得ですね。

上に述べたように$y = (1.0001^{10^4})^x$ですから、底を1.0001^{10^4}とするyの対数がxです。現在の対数表現では$x = \log_{1.0001^{10^4}} y$となります。特筆すべきは、この場合の底の$1.0001^{10^4} \fallingdotseq 2.718146$は自然対数の底$e = 2.71828182$

…に非常に近いということです。

　なお、実際の表は左の等差数列を10^5倍、右の等比数列を10^8倍したものでしたので、換算が必要でした。

　ビュルギは、ヨハネス・ケプラー（1571-1630）と一緒に仕事をした時計職人で、天文機器等の専門家として、ケプラーの天文学の計算に非常に貢献したと推測されています。不運なことに数表の発表（1620年）が遅れたこと、また、さほど実用的でなかったこともあり、次に述べるネイピアの数表に先を越されて、ほぼ使われることはなかったようです。

　さて、次の数表の作成者は、ジョン・ネイピア（1550-1617）です。彼はスコットランドの貴族で、若いときに諸外国を旅行し、ヨーロッパの天文学者や三角法の著者に出会い、関連するいくつかの公式も導いています。大航海時代を支えるには天文学が欠かせないことがあり、そのためには精度の高い三角比の計算が重要とされました。ネイピアは三角比の計算に多大な興味を持ち、7桁の精密度を目指したといわれています。

　手法的にはビュルギと同じですが、ビュルギの指数表と違って、ネイピアは対数表にあたる表を作りました。彼の数表は、普通の数の対数表と三角比に関する対数表で構成されています。数表の完成には20年を要したようですが、1614年に『Mirifici Logarithmorum Canonis Descriptio（The Description of the Marvelous Canon of Logarithms）』を出版します。

　Logarithm（対数）という用語を考えたのもネイピアです。Logosとは「神の言葉、または比」、Arithmeticは「数」です。その造語だそうです。

　ただ、ネイピアの対数はいまでいう対数とは少し違っています。彼が作成した表の等比数列は、公比が$(1 - \frac{1}{10^7})$の次のような数列でした。

等比数列　　　　　　　　　　　　　　　　対数（等差数列）

$$10^7 (1 - \frac{1}{10^7})^1 \longrightarrow 1$$

$$10^7 (1 - \frac{1}{10^7})^2 \longrightarrow 2$$

$$\vdots$$

$$10^7 (1 - \frac{1}{10^7})^n \longrightarrow n$$

$$\vdots$$

図18-4

　この左の数列は緩やかに減少するため、わずかな差の数を大量に表に取り込むことができました。しかも、同時に後々の対数関数のもとになる考え方をも定式化しています。つまり、任意の数xに対してその対数を計算する方法です。それを仮に$\mathrm{Nog}(x)$と書くことにすると、現在の自然対数$\log x$ではおおよそ次のようになります。

　$\mathrm{Nog}(x) \fallingdotseq 10^7 \log \frac{10^7}{x}$（右辺の対数は現在の自然対数）

　(ウ)$\mathrm{Nog}(x_1 \times x_2) = \mathrm{Nog}(x_1) + \mathrm{Nog}(x_2) - 10^7 \log 10^7$

　(エ)$\mathrm{Nog}(x_1 \div x_2) = \mathrm{Nog}(x_1) - \mathrm{Nog}(x_2) + 10^7 \log 10^7$

　$\mathrm{Nog}(x)$とネイピアの作成した数表を使った対数による計算とピッタリ一致するわけではありませんが、小数点以下7桁くらいまでは一致しているようです。

（C. H. Edwards Jr.著『The Historical Development of the Calculus』Springer-Verlag 1979）。

　こうして、掛け算が足し算に、割り算が引き算にという具

合にストレートにはいかなかった（(ウ)(エ)）にもかかわら
ず、当時の計算状況からすれば、各段に優れていたわけで
す。ネイピアの1614年の数表を受け取ったケプラーは、彼
の第3法則を導く計算にこの数表を使ったとされています。

　　註：ケプラーの法則

　(1)　惑星は太陽を焦点の一つとする楕円軌道を描く

　(2)　惑星が太陽の周りをまわるとき、面積速度は一定である

　(3)　惑星が太陽の周りをまわる周期の2乗は長軸の長さの半分の3乗
　　　に比例する

　その後、ネイピアに底（または公比）を10に修整するよ
うに提言したイギリスの数学者、ヘンリー・ブリッグス
（1561-1630）が、ネイピアの対数を基準にして、現在の常
用対数（底が10の対数）の対数表の原型を作りました。
1624年には小数点以下14桁からなる数表を出版しています
（1〜20000, 90000〜100000を作成）。

　自然対数の底であるeはいまでは**ネイピア数**と呼ばれ、数
学上はもちろん数学を使う諸分野にとって不可欠の数でもあ
ります。それは数表の作成から発生したのです（第22節参
照）。単に計算が便利というだけでなく、数表作りに情熱を
かたむけたこれらの人々がいなければ、数学も科学も大幅に
遅れていたかもしれません。このように対数（logarithm）
という概念は計算の必要性から生まれ、それが後に数学上の
重要な関数へと発展していくことになります。

　著者が学生の頃、物理実験のレポートを書くのに随分と数
表（数表研究会編『完全五桁対数表』　学芸図書　1961）の
お世話になっていました。数表を使ったのは遠い昔の話では
ないのです。

19 | 微分法（微分係数）
接してみなければわからない

　微分とは、関数の変化の状態を調べる道具です。

　その数学用語（微分）の使い方が微妙でわかりづらいところがあります。

　微分に関する用語は、**微分係数、導関数**、微分する、微分、といったものです。通常、これらを一くくりにして微分といっていることが多いのですが、微分法という方法の総称だと考えていただくのがいいでしょう。ただ、混乱のない限りにおいては、使い慣れている**微分**という言い方をすることがありますので、適宜解釈をしてください。

　関数というのは、通常は関数 $f(x)$ とか $y = f(x)$ というように表されます。

　関数とは、実数から実数への対応であり、変数 x にいろいろな実数値を入れたとき（入力）、それにともなって実数値 y がただ一つ決まる（出力）状態を示したもので、x を独立変数といい、y を従属変数といいます。

　関数のグラフを書くことは関数を視覚化するうえでも重要です。そのことは座標のところでも述べました。

　関数 $y = f(x)$ に対して、座標平面上に $(x, f(x))$ の点を印していけば、一つながりの線（直線や曲線）ができます。これが関数 $y = f(x)$ のグラフなわけです。

　記号で書くと集合 $\{(x, f(x)) \mid y = f(x), x \in R\}$ のことで

す。$x \in R$ は "x は実数 (R) です（属する）" という意味です。$\in$ は "属する" ことを示す記号です。

$f(x) = x^2 - 2x$ のグラフは曲線になります。

ところで、曲線の変化、つまり関数の変化の状態（なだらかな変化、急激な変化、変化しない = 定常的）は、曲線の各点での接線の傾きによって知ることができます。

$y = f(x) = x^2 - 2x$ のグラフは、図19-1のような放物線といわれる曲線を表しています。

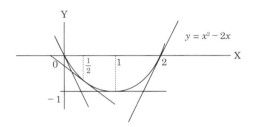

図19-1

そこで、$x = 0$, $\frac{1}{2}$, 1, 2 に対応する曲線上の点での接線を引いてみます。特に、接線の傾きに注目します。

まず、特徴的なことは、曲線の谷底のところでは接線の傾きは0、つまりX軸に平行になっています。その前後を見てみますと、谷底より左側では接線の傾きは負ですが、谷底より右側では接線の傾きは正です。さらに、曲線上の点が左から右に動くにつれて、谷底より左側では接線の傾斜が緩やかになります。そして、谷底のところで0となり、谷底の右側では次第に傾斜が急になっていきます。

このように、接線の傾きは、曲線の曲がり具合の状況を示していることになります。したがって、各点での接線の傾き

がわかれば、その曲線の概形が描けます。それだけではありません。曲線が谷底や山頂になっているところでは、接線の傾きが0になっていますので、最大値や最小値または極大値や極小値（その点の近くでのみ最大・最小になっている）を求めることも可能です。

　また、各点での接線の傾きがわかれば、曲線の概形だけではなく、この曲線そのもの（曲線の方程式）を求めることもできるのです。これが第26節で述べる**微分方程式**といわれるものです。

　以上の考察から、接線の傾きを求める方法があれば便利だということになります。歴史的には、このことから微分という方法が発見されたのです。接線を求める一つの方法は代数的な方法です（ここでは省略します）。もう一つは解析的な方法です。それがこれから述べる微分法の効用の一つなのです。それは次のような考え方です。

　関数 $y = f(x)$ のグラフが図19-2のようであったとします。

　このとき、この曲線上に2点PとQを取ります。

　そして、PQを通る直線を考えます。

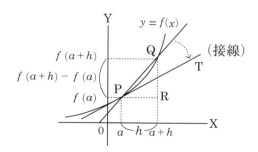

図19-2

このとき、点Pを固定したまま、点Qをこの曲線上で点Pに近づけていくと、やがてPQを通る直線は点Pでの接線になるはずです。したがって、直線PQの傾きは点Pでの接線PTの傾きになるわけです。それは次のようなことです。

いま、点Pの座標をP$(a, f(a))$とし、点Qはそこから少し離れているのでQ$(a + h, f(a + h))$とします。

このとき、直線PQの傾きはQR/PRです。

QR $= f(a + h) - f(a)$, PR $= (a + h) - a = h$です。

$$PQ \text{の傾き} = \frac{f(a + h) - f(a)}{(a + h) - a} = \frac{f(a + h) - f(a)}{h}$$

ここでQをPに近づけていけばPQの傾きは点Pでの接線PTの傾きになるであろうと考えるわけです。そのことは、上記の式で$h \to 0$（hを0に近づけていく）ということになります。

$$\frac{f(a + h) - f(a)}{h} \to (h \to 0) \to \text{点P}(a, f(a)) \text{での接線の}$$
傾き

このようにして$h \to 0$としたとき、首尾よく値が求まれば、それが接線の傾きだというわけです。その場合に、点QをPより左側に取っても上の操作の結果が同じ値になることが必要です（hの正負によらずということ）。

関数によっては、$h \to 0$とした結果が求まらない、または一定に定まらないという場合もあります。たとえば、$y = f(x) = |x|$という関数では、$x = 0$においては、点Qによって（hの正負によって）その値が異なります（図19-3）。

ここでは、そのような関数は考えません。

この値がただ一通りに確定すれば、それは点$(a, f(a))$で

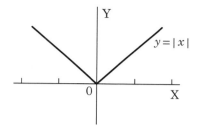

図 19-3

の曲線 $y = f(x)$ の接線の傾きを示しています。それを $f'(a)$ と表記して $x = a$ での**微分係数**と呼んでいます。微分係数を求めてそれを利用することが微分法の一つです。

数学的記号では次のように書きます。 $\lim\limits_{h \to 0}$ は、分数式 $\frac{f(a+h)-f(a)}{h}$ を $h \to 0$ としていくという意味です。

$$\lim_{h \to 0} \frac{f(a+h) - f(a)}{h} = f'(a)$$ （点 a に対応する曲線の点 $(a, f(a))$ での接線の傾き）と表します。

さっそく、次のような問題を考えてみます。

問. 縦 2m、横 4m のアルミ板の 4 つの角から正方形を切り取って直方体の容器を作ったとき、その体積を最大にするにはどのような正方形を切り取ればよいでしょうか？

解. まず、切り取る正方形の 1 辺の長さを x とします。

このとき、直方体の体積は次の関数 $f(x)$ で示されます。

$f(x) = x(2 - 2x)(4 - 2x)$ ： x の範囲は $2 - 2x > 0, 4 - 2x > 0$ なので、$0 < x < 1$ です。

$f(x) = 4(x^3 - 3x^2 + 2x)$

3 次関数ができたわけです。この問題の解答を得るには、

この関数が $0 < x < 1$ の範囲のどこで最大値になるかを知ることが必要です。

その候補としては、この関数の曲線が山になるところ（＝接線がX軸に平行＝微分係数が0）を探すことが必要です。

そこで、$x = a$ における曲線上の点 $(a, f(a))$ での接線の傾き $f'(a)$ を求めてみます。

そのために、$\frac{f(a+h) - f(a)}{h}$ を計算する必要があります。

$f(a) = 4(a^3 - 3a^2 + 2a)$

$f(a + h) = 4\{(a + h)^3 - 3(a + h)^2 + 2(a + h)\}$

$\qquad = 4\{a^3 - 3a^2 + 2a + h(3a^2 - 6a + 2)$

$\qquad\quad + h^2(3a - 3) + h^3\}$　なので、

$f(a + h) - f(a) = 4h\{(3a^2 - 6a + 2) + h(3a - 3) + h^2\}$

$\dfrac{f(a + h) - f(a)}{h} = \dfrac{4h\{(3a^2 - 6a + 2) + h(3a - 3) + h^2\}}{h}$

$\qquad\qquad = 4\{(3a^2 - 6a + 2) + h(3a - 3) + h^2\} \text{(ア)}$

そして、$h \to 0$（0に近づける）とするわけですが、ここでは最後の式(ア)で $h = 0$ としてもいいのです（詳しいことは省きますが、最後の式(ア)が h の多項式だからです）。

つまり、$4\{(3a^2 - 6a + 2) + h(3a - 3) + h^2\} \to (h \to 0) \to 4(3a^2 - 6a + 2)$

この場合、h の正負には関係がないことがわかります。

こうして、$f'(a) = 4(3a^2 - 6a + 2)$ となります。

これが、$x = a$ に対応するこの曲線の接線の傾きです。

次に、この曲線の山になる点（接線の傾きが0となる点）を探します。

$f'(a) = 4(3a^2 - 6a + 2) = 0$ を a について解きます。

解の公式を使い $3a^2 - 6a + 2 = 0$ を解いて $a = \frac{3-\sqrt{3}}{3}$, $\frac{3+\sqrt{3}}{3}$　(イ)

つまり、この関数は山や谷となる候補が二つあることを意味しています。ただし、$0 < x = a < 1$ の範囲なので、$a = \frac{3-\sqrt{3}}{3} \fallingdotseq 0.42$ に限定することができます。

しかし、これだけでは山か谷かがわかりません（どちらも接線はＸ軸に平行）。

そこで、$x = a = \frac{3-\sqrt{3}}{3} \fallingdotseq 0.42$ の前後の接線の傾き $f'(a)$ の変化（符号）を調べます。

点 a で山頂なら、点 a の前後での接線の傾きは"正→0→負"と変化するだろうし、谷底であれば"負→0→正"となるからです。

(イ)から、$3a^2 - 6a + 2 = 3(a - \frac{3-\sqrt{3}}{3})(a - \frac{3+\sqrt{3}}{3})$ です。

$3a^2 - 6a + 2 > 0$ とすると

$a < \frac{3-\sqrt{3}}{3} \fallingdotseq 0.42$　または $a > \frac{3+\sqrt{3}}{3} \fallingdotseq 1.58$　(ウ)

$3a^2 - 6a + 2 < 0$ とすると

$\frac{3-\sqrt{3}}{3} \fallingdotseq 0.42 < a < \frac{3+\sqrt{3}}{3} \fallingdotseq 1.58$　(エ)

(ウ)(エ)より、$a < \frac{3-\sqrt{3}}{3} \fallingdotseq 0.42$ のとき $f'(a) > 0$　（接線の傾きは正）

$a > \frac{3-\sqrt{3}}{3}$ のとき $f'(a) < 0$　（接線の傾きは負）

したがって、$x = a = \frac{3-\sqrt{3}}{3}$ の前では接線の傾きは正その後では負になりますので、この点は山の頂上であることがわかります。

こうして、$0 < x = a < 1$ の範囲では、この山の頂上より高いところはないことになりますから、この範囲で最大値をとる点はこの点だけであることがわかります。

$f(x) = 4(x^3 - 3x^2 + 2x)$ は $x = a = \frac{3-\sqrt{3}}{3}$ で最大値をとり、その値は $f\left(\frac{3-\sqrt{3}}{3}\right) = \frac{8\sqrt{3}}{9}$

となります。したがって、切り取る正方形の1辺の長さが $\frac{3-\sqrt{3}}{3}$ のときに直方体の容積は最大になります。こうして、最大値の問題に微分法を用いることができます。

ところで、もう一つの微分法の効用は、上記の解析の方法から、この関数 $f(x) = 4(x^3 - 3x^2 + 2x)$ の曲線の概形を描くこともできるということです。そこで、ここからは x の範囲を限定することなく $f(x)$ について考えてみます。

上述の(イ)で $f'(a) = 0$ となる a が二つ出てきました。

その一つは、この最初の問題の最大値（＝山頂になる点）に対応していました。実は、他方の $a = \frac{3+\sqrt{3}}{3}$ は、谷底になる点に対応しています。それは、上記と同様にこの点 a の前後における接線の傾きの変化（$f'(a)$ の符号）を調べることでわかります。

(ウ)(エ)より、$a < \frac{3+\sqrt{3}}{3}$ では $f'(a) < 0$ となり、$a > \frac{3+\sqrt{3}}{3}$ では $f'(a) > 0$ となります。こうして、図19-4のようなグラフを作成することができるのです。

ただ、注意することがあります。それは、山や谷になるのは接線の傾きが0になる点でしたが、その逆は必ずしも正しくないということです。

$f'(a) = 0$ となる $x = a$ が最大値や最小値を与えてくれないことも起きます。たとえば、$f(x) = x^3 + 1$ のグラフ（曲線）は図19-5のようになります。

$x = a$ での微分 $f'(a)$ は

$$\frac{f(a+h) - f(a)}{h} = \frac{((a+h)^3 + 1) - (a^3 + 1)}{h} = 3a^2 + 3ah + h^2$$

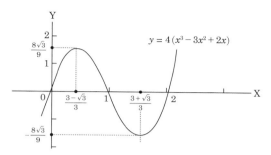

図19-4

$(h \to 0) \to 3a^2$

こうして $f'(a) = 3a^2$ となります。

$f'(a) = 3a^2 = 0$ となる点は $a = 0$ です。つまり、$x = 0$ が定める曲線上の点 $(0, 1)$ を通る接線の傾きは0です（X軸に平行）。

しかし、図19-5からわかるように、この曲線上の $x = 0$ の点は最大値、最小値のいずれを与える点でもありません。

実際、$f'(a) = 3a^2$ ですので、$x = a = 0$ の前後でも接線の傾きは正になっています。したがって、この曲線は $a = 0$ 以外では上昇し続けていることを示しています。このような

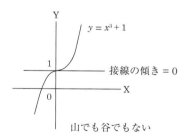

図19-5

点のことを変曲点といいます。この点を境にして、曲線が接線の"下側から上側"または"上側から下側"に変わるのです。実際、この点の前後で接線を引いて、確かめてみてください。

　微分法の効用はここで述べたことに留まるものではありません。次節では微分係数をより簡単に計算する方法について説明します。

20 微分法（導関数）
傾きでできる関数

　曲線 $y = f(x)$ の $x = a$ における接線の傾き $f'(a)$ は、下記の値を計算することによって求められます。h の正負にかかわらず下記の値が一つに定まるということでした。このことは、$x = a$ を含む近辺で滑らかになっている曲線（関数）であれば大丈夫です。そうでない関数は微分法では太刀打ちできないということですから、ここでは考えないことにします。

$$\lim_{h \to 0} \frac{f(a + h) - f(a)}{h} = f'(a)$$

$$\Leftrightarrow \quad \frac{f(a + h) - f(a)}{h} \to (h \to 0) \to f'(a)$$

　このとき、$f'(a)$ を微分係数といいました。

　$f'(a)$ は接線の傾きでしたので、この点 $x = a$ での接線の

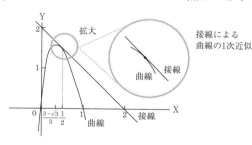

図 20-1

式 は $y - f(a) = f'(a)(x - a)$ から、 $y = f'(a)(x - a) + f(a)$ です。

　前節の問で出てきた関数（曲線） $f(x) = 4(x^3 - 3x^2 + 2x)$ の $x = a$ における接線の傾き $f'(a)$ は、 $f'(a) = 4(3a^2 - 6a + 2)$ でした。このとき、点 $a = \frac{1}{2}$ に対応する曲線上の点 $(\frac{1}{2}, \frac{3}{2})$ での接線の式は次のようになります。

　$y = f'(\frac{1}{2})(x - \frac{1}{2}) + f(\frac{1}{2}) = (-1)(x - \frac{1}{2}) + \frac{3}{2} = -x + 2$

　各点における接線の式は、この点における曲線 $f(x)$ の1次近似（1次式による近似）と呼ばれるものです。つまり、その点の十分小さな範囲では、この曲線はいま求めた1次式で代用できる（近似できる）ということです。

　このことは、実際に現象を解析する際に重要な原理となります。それは、実際の現象を各時点のごくごく小さい範囲で見たとき、比例関係だと見ることができることを意味しており、その点 $(a, f(a))$ を原点として考えれば、微分係数 $f'(a)$ を比例定数とする比例関係（ $Y = f'(a)X$ 、このときの X, Y はこの点を原点として考えたときの座標）として捉えることができるわけです。これが後に述べる微分方程式（第26節）のもとになる考えなのです。そして微分係数を考える別の意味でもあります。

　そこで、ここからは関数 $y = f(x)$ はどの点 $x = a$ でも微分係数が求まる関数だとします。そのような関数を微分可能な関数、あるいは、滑らかな関数などといいます。高校の数学までに登場する基本的な関数はほとんど滑らかな関数です。そのような関数に対して、"点 $x = a$ での微分係数" という言い方は、あまり意味を持たないことになります。なぜなら、どの点でも微分係数が存在するのですから。したがっ

て、"点 $x = a$ での微分係数" というのを "点 x での微分係数" と言い換えても問題はないことになります。そのときは、"微分係数 $f'(a)$" に対しては "微分係数 $f'(x)$" ということになります。

$$\lim_{h \to 0} \frac{f(x + h) - f(x)}{h} = f'(x)$$

つまり、各点 x に対して微分係数 $f'(x)$ が求まるので、各点 x に対して $f'(x)$ を対応させることにするのです。このとき、その対応を F とすると $F : x \to f'(x)$ ということです。

このような $F(x) = f'(x)$ のことを関数 $f(x)$ の**導関数**といいます。要するに、「いろいろな値 x における微分係数を集めて、それを関数とみなしたもの」が導関数です。以降では、$F(x)$ は使用せずに、導関数 $f'(x)$ ということにします。混乱の起きない限りでは、記号を節約するというのも数学の精神なのです。

そのように考えますと、導関数 $f'(x)$ は関数 $f(x)$ からできる新しい関数だということになります。したがって、導関数 $f'(x)$ を求めることを "関数 $f(x)$ を微分する" という言い方をします（混乱がなければ、微分といってもいいでしょう）。

$$f(x) \quad \Rightarrow \quad （微分をする）（'） \quad \Rightarrow \quad 導関数 f'(x)$$

つまり、（'）は関数から新しい関数へ導く操作というわけです。

そのことを y', $f'(x)$ 以外に $\frac{dy}{dx}$, $\frac{df}{dx}$ などの記号を用いて表記します。

$$y' = f'(x) = \frac{dy}{dx} = \frac{df}{dx} = \lim_{h \to 0} \frac{f(x + h) - f(x)}{h}$$

このどれを用いてもいいのです。記号の扱いに関しては微

分方程式（第26節）のところで説明します。

ここでは y' と $f'(x)$ を使います。

具体的な基本的関数の導関数はこの節末に書いておきます。

導関数の扱いを知っておくと計算が容易になり便利なので、以下でそのことを簡単にみておきます。最も使用頻度が高いのは多項式関数ですので、その導関数について(1)〜(3)、次に導関数を計算するときに便利な性質(4)〜(6)を紹介します。

(1)定数関数 $f(x) = c$（c は定数）ならば、導関数は $f'(x) = 0$ となります。

定数関数のグラフはX軸に平行な直線です。どの点で接線を考えても、接線の傾きが0になります。各点での導関数はその点での接線の傾きを示していますから、導関数 $f'(x) = 0$ ということです。これらの接線はこの関数の直線と重なります。

(2)単項式関数 $f(x) = cx^n$（c は定数、n は自然数）ならば、導関数は $f'(x) = cnx^{n-1} = ncx^{n-1}$ となります。

それは、次のように考えればいいのです。

$$f'(x) = \lim_{h \to 0} \frac{f(x+h) - f(x)}{h} \text{ は } \frac{f(x+h) - f(x)}{h} \to (h \to 0) \to$$

$f'(x)$ ということでした。

そこで、まず $f(x+h) - f(x) = c(x+h)^n - cx^n$ を計算してみます。ここでは、$a^n - b^n =$
$$(a - b)\underbrace{(a^{n-1} + a^{n-2}b + a^{n-3}b^2 + \cdots + ab^{n-2} + b^{n-1})}_{n \text{個}}$$

という式を使います（実際、右辺を計算して、左辺になることを確かめてください）。

$$c(x+h)^n - cx^n = c\{(x+h)^n - x^n\}$$
$$= c\{(x+h) - x\}\{(x+h)^{n-1} + (x+h)^{n-2}x + \cdots + (x+h)x^{n-2} + x^{n-1}\}$$
$$= ch\{(x+h)^{n-1} + (x+h)^{n-2}x + \cdots + (x+h)x^{n-2} + x^{n-1}\}$$

$$f(x+h) - f(x) = ch\{(x+h)^{n-1} + (x+h)^{n-2}x + \cdots + (x+h)x^{n-2} + x^{n-1}\}$$

$$\frac{f(x+h) - f(x)}{h} = c\{(x+h)^{n-1} + (x+h)^{n-2}x + \cdots + (x+h)x^{n-2} + x^{n-1}\}$$

ここで $(h \to 0)$ とします。右辺は h の多項式ですので、右辺では $h = 0$ としてもいいのです。したがって、

$$\lim_{h \to 0} \frac{f(x+h) - f(x)}{h} = \lim_{h \to 0} c\{(x+h)^{n-1} + (x+h)^{n-2}x + \cdots + (x+h)x^{n-2} + x^{n-1}\}$$
$$= c(\underbrace{x^{n-1} + x^{n-1} + \cdots + x^{n-1}}_{n\text{個}})$$
$$= cnx^{n-1} \text{ となります。}$$

こうして、$f'(x) = cnx^{n-1} = ncx^{n-1}$ となります。

(3) 多項式関数 $f(x) = a_n x^n + a_{n-1} x^{n-1} + \cdots + a_1 x + a_0$ ならば、その導関数は $f'(x) = na_n x^{n-1} + (n-1)a_{n-1} x^{n-2} + \cdots + 2a_2 x + a_1$ です。

これも同じように考えればいいのです。

$$f(x + h) - f(x)$$
$$= (a_n(x + h)^n + a_{n-1}(x + h)^{n-1} +$$
$$\cdots + a_1(x + h) + a_0)$$
$$- (a_n x^n + a_{n-1} x^{n-1} + \cdots + a_1 x + a_0)$$
$$= a_n\{(x + h)^n - x^n\} + a_{n-1}\{(x + h)^{n-1} - x^{n-1}\} +$$
$$\cdots + a_1\{(x + h) - x\}$$

ですので、これを h で割った式を整理すると次のようになります。

$$\frac{f(x+h) - f(x)}{h}$$
$$= \frac{a_n\{(x+h)^n - x^n\} + a_{n-1}\{(x+h)^{n-1} - x^{n-1}\} + \cdots + a_1\{(x+h) - x\}}{h}$$
$$= \frac{a_n\{(x+h)^n - x^n\}}{h} + \frac{a_{n-1}\{(x+h)^{n-1} - x^{n-1}\}}{h} +$$
$$\cdots + \frac{a_1\{(x+h) - x\}}{h}$$

この最後の式で、$(h \to 0)$ を、右辺のそれぞれの項について考えればいいのです。そのとき、それぞれの項は、(2)で示した単項式 cx^n の導関数になっています。

こうして、第1項は $a_n x^n$ の導関数、第2項は $a_{n-1} x^{n-1}$ の導関数、$\cdots$、最後は $a_1 x$ の導関数ということになります。つまり、多項式を微分するにはそれぞれ個別に微分すればよいということです。

いま、$a_n x^n$ の導関数を $(a_n x^n)'$ という記号で表すことにすると、$(a_n x^n)' = na_n x^{n-1}$ です。

$$f'(x) = (a_n x^n + a_{n-1} x^{n-1} + \cdots + a_1 x + a_0)'$$
$$= (a_n x^n)' + (a_{n-1} x^{n-1})' + \cdots + (a_1 x)' + (a_0)'$$

$$= a_n n x^{n-1} + a_{n-1}(n-1)x^{n-2} + \cdots + a_2 2x + a_1$$
$$= n a_n x^{n-1} + (n-1)a_{n-1}x^{n-2} + \cdots + 2a_2 x + a_1$$

　たとえば、 $f(x) = 4(x^3 - 3x^2 + 2x)$ では $f'(x) = 4(3x^2 - 6x + 2)$ となります。上記の(3)を使って微分すればいいのです。

$$f'(x) = (4x^3)' - (12x^2)' + (8x)'$$
$$= 12x^2 - 24x + 8 = 4(3x^2 - 6x + 2)$$

　前節では、この関数の $x = a$ での微分係数は $f'(a) = 4(3a^2 - 6a + 2)$ でしたので、一致しています（当然ですが）。

　ここでは証明はしませんが、上記(2)（したがって、(3)）の n は任意の実数でもこの導関数は正しくなります。

　任意の α に対して、 $f(x) = cx^\alpha$ ならば $f'(x) = c\alpha x^{\alpha-1}$ となります。

　たとえば、 $f(x) = 2\sqrt{x}(= 2x^{\frac{1}{2}})$ ならば、 $f'(x) = (2x^{\frac{1}{2}})'$ $= 2 \times \frac{1}{2}x^{(\frac{1}{2}-1)} = x^{-\frac{1}{2}} = \frac{1}{\sqrt{x}}$

　すでに述べましたように、関数を微分するというのは関数の間の操作です。この操作は、次のような性質を持っています。この性質を使うことで、いちいち複雑な計算をしなくても導関数を求めること（微分の計算）ができるのです。

　$f(x), g(x), h(x)$ というのは関数の記号です。

(4)線形性（と呼ばれる性質）

　$h(x) = af(x) \pm bg(x)$ ならば $h'(x) = af'(x) \pm bg'(x)$ （a, b は任意の実数）

例： $h(x) = x^3 - 3x^2 + 2x - 1$

　$h'(x) = (x^3)' - (3x^2)' + (2x)' - (1)' = 3x^2 - 6x + 2$

⑸掛け算の微分

$h(x) = f(x) \cdot g(x)$ ならば $h'(x) = f'(x) \cdot g(x) + f(x) \cdot g'(x)$

例：$h(x) = (x^3 - 3x^2)(2x + 1)$

$$
\begin{aligned}
h'(x) &= ((x^3 - 3x^2)(2x + 1))' \\
&= (x^3 - 3x^2)'(2x + 1) + (x^3 - 3x^2)(2x + 1)' \\
&= (3x^2 - 6x)(2x + 1) + (x^3 - 3x^2) \times 2 \\
&= 8x^3 - 15x^2 - 6x
\end{aligned}
$$

⑹割り算の微分

$h(x) = f(x)/g(x)$ ならば $h'(x) = \{f'(x) \cdot g(x) - f(x) \cdot g'(x)\}/g(x)^2$

例：$h(x) = (x^3 - 3x^2)/(2x + 1)$

$$
\begin{aligned}
h'(x) &= \{(x^3 - 3x^2)'(2x + 1) - (x^3 - 3x^2)(2x + 1)'\} \\
&\quad /(2x + 1)^2 \\
&= (4x^3 - 3x^2 - 6x)/(2x + 1)^2
\end{aligned}
$$

また、基本的な関数の導関数は、下記のようになります。

(a)$f(x) = e^x$ ならば $f'(x) = e^x$　（$e = 2.71828\cdots$は第17節で出てきたネイピア数）

(b)$f(x) = a^x$ ならば $f'(x) = a^x \log a$　（$a > 0$）

(c)$f(x) = \log x$ ならば $f'(x) = \frac{1}{x}$

(d)$f(x) = \log_a x$ ならば $f'(x) = \frac{1}{x \log a}$（$a > 0$）

((a)(b)(c)については第22節を参照)

COLUMN 2

三角関数の導関数

　この後の話題の都合で三角関数とその導関数について簡単に触れておきます。三角関数の詳細は幾何・解析編で行います。紙幅の都合で説明が十分ではないかもしれませんが、ご容赦ください。

　三角関数のもとは三角比と呼ばれていたものです。

　直角三角形において、$\angle \mathrm{BAC} = x$としたときに、

$$\sin x = \frac{\mathrm{BC}}{\mathrm{AB}} \quad \cos x = \frac{\mathrm{AC}}{\mathrm{AB}} \quad \tan x = \frac{\mathrm{BC}}{\mathrm{AC}}$$

のことを三角比といいます。

　それぞれの右辺の比は、角度xに対して一通りに決まるのでそれぞれを角度xにおける$\sin, \cos, \tan$と呼んでいるのです。

　実際、この比は直角三角形が相似なので、三角形の大きさには関係なくxのみで決まります。

$$\sin x = \frac{\mathrm{BC}}{\mathrm{AB}} = \frac{\mathrm{B'C'}}{\mathrm{A'B'}} \quad \cos x = \frac{\mathrm{AC}}{\mathrm{AB}} = \frac{\mathrm{A'C'}}{\mathrm{A'B'}}$$

$$\tan x = \frac{\mathrm{BC}}{\mathrm{AC}} = \frac{\mathrm{B'C'}}{\mathrm{A'C'}}$$

　角の大きさxを三角形（直角三角形）の辺の比に置き

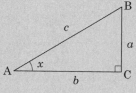
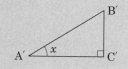

図コラム2-1

換えているというわけです。

$\sin : x \to \dfrac{\text{BC}}{\text{AB}}, \cos : x \to \dfrac{\text{AC}}{\text{AB}}, \tan : x \to \dfrac{\text{BC}}{\text{AC}}$

したがって、$\sin^2 x + \cos^2 x = 1$ という性質は、角度を辺の比に読み替えれば、直角三角形のピタゴラスの定理の言い換えに過ぎません。

AB, BC, AC の辺の長さをそれぞれ c, a, b とすると

$\sin^2 x + \cos^2 x = 1$

$\Leftrightarrow \dfrac{a^2}{c^2} + \dfrac{b^2}{c^2} = 1$

$\Leftrightarrow a^2 + b^2 = c^2$

となりますね。

三角関数は三角比をすべての実数 x にまで拡張してできたものです。x は角度ではなく、その角度に対応する半径1の円周の弧の長さ（ラジアン）による表示（弧度）だと考えます。

1ラジアン $= 180/\pi = 57°\ 17'\ 45''$（$\pi$ は円周率です）

$1° = (\pi/180)$ ラジアン $= 0.0174533$ ラジアン

以下では、三角関数の基本的な導関数についてのみ述べてあります。

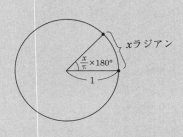

図コラム 2-2

(1)$f(x) = \sin x$ ならば $f'(x) = \cos x$

(2)$f(x) = \cos x$ ならば $f'(x) = -\sin x$

(3)$f(x) = \tan x$ ならば $f'(x) = \dfrac{1}{\cos^2 x}$

まず(1)について考えてみます。

$\dfrac{f(x+h)-f(x)}{h} \quad \rightarrow (h \rightarrow 0) \rightarrow f'(x)$ が導関数でした。

$f(x + h) - f(x) = \sin(x + h) - \sin x = 2 \cos \dfrac{2x+h}{2} \sin \dfrac{h}{2}$

　上式の２項目から３項目は、三角関数の加法定理（以下の２式）を使います。

$\sin (\beta + \gamma) = \sin \beta \cos \gamma + \cos \beta \sin \gamma$

$\sin (\beta - \gamma) = \sin \beta \cos \gamma - \cos \beta \sin \gamma$

　これら二つの式をそれぞれ加える、または引くと次の式が得られます。

$\sin (\beta + \gamma) + \sin (\beta - \gamma) = 2\sin \beta \cos \gamma$

　$\rightarrow \sin \beta \cos \gamma = \dfrac{1}{2}\{\sin(\beta + \gamma) + \sin(\beta - \gamma)\}$

$\sin (\beta + \gamma) - \sin (\beta - \gamma) = 2\cos \beta \sin \gamma$

　$\rightarrow \cos \beta \sin \gamma = \dfrac{1}{2}\{\sin(\beta + \gamma) - \sin(\beta - \gamma)\}$

　いま最後の式で、$\beta = \dfrac{2x+h}{2}$, $\gamma = \dfrac{h}{2}$ とすると次の式が得られます。

$$\sin (x + h) - \sin x = 2 \cos \dfrac{2x+h}{2} \sin \dfrac{h}{2}$$

したがって、

$\dfrac{\sin(x+h)-\sin x}{h} = \dfrac{2 \cos \frac{2x+h}{2} \sin \frac{h}{2}}{h}$

$= 2 \cos \dfrac{2x+h}{2} \left(\dfrac{\sin \frac{h}{2}}{h} \right) = \cos \dfrac{2x+h}{2} \left(\dfrac{\sin \frac{h}{2}}{\frac{h}{2}} \right)$

　ここで、$(h \rightarrow 0)$ としますと、$\cos \dfrac{2x+h}{2} \rightarrow \cos \dfrac{2x}{2}$ $= \cos x$ となります。

また、$\dfrac{\sin\frac{h}{2}}{\frac{h}{2}} \to 1$　（＊後述）となります。

こうして、$\dfrac{f(x+h)-f(x)}{h} \to (h \to 0) \to f'(x) = \cos x$
となります。

$(\sin x)' = \cos x$ ということです。

（＊）は、次のような図から考えます。

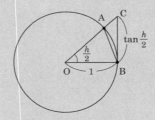

図コラム2-3

点A, Bは点Oを中心とする半径1の円周上の点、BC
はOBに垂直です。

このとき、△OABの面積 < 扇形OABの面積 < △
OCBの面積から、次の式が得られます。

$$\dfrac{1}{2}\sin\dfrac{h}{2} < \dfrac{1}{2}\cdot\dfrac{h}{2} < \dfrac{1}{2}\tan\dfrac{h}{2}\left(=\dfrac{\sin\frac{h}{2}}{\cos\frac{h}{2}}\right)$$

$\left(\tan\theta= \dfrac{\sin\theta}{\cos\theta}\ \text{です}\right)$

こうして、$\cos\dfrac{h}{2} < \dfrac{\sin\frac{h}{2}}{\frac{h}{2}} < 1$ ですので、$(h \to 0)$ と

しますと、

$\cos \frac{h}{2} \to \cos 0 = 1$ となるので、$\frac{\sin \frac{h}{2}}{\frac{h}{2}} \to 1$ となります。

このことは $h < 0$ であっても $h = -k\,(k > 0)$ とすれば、$\sin \frac{h}{2} = \sin \frac{-k}{2} = -\sin \frac{k}{2}$（$\sin(-\theta) = -\sin \theta$ です）なので、$\frac{\sin \frac{h}{2}}{\frac{h}{2}} = \frac{\sin \frac{-k}{2}}{\frac{-k}{2}} = \frac{\sin \frac{k}{2}}{\frac{k}{2}}$ です。こうして、$(h \to 0)$ とすると $(k \to 0)$ なので、$\frac{\sin \frac{k}{2}}{\frac{k}{2}} \to 1$ となります。

このように、導関数の計算の少々デリケートなところは、$(h \to 0)$ としたときの手続きが必要になることです。多項式であれば、$(h \to 0)$ のときに $(h = 0)$ として問題はありません（一般に、説明は省略をしますが、関数 $f(h)$ が $h = 0$ で連続であれば、$h \to 0$ のときに $f(h) \to f(0)$ となります。したがって、$h = 0$ を代入しても問題はないということです）。

$f(x) = \cos x$ の微分（2）は以下のようになります。

ここでは、次の公式から微分の性質（第20節）を用いて計算してみます。

$$\cos^2 x + \sin^2 x = 1$$
$$(\cos^2 x + \sin^2 x)' = (1)' = 0 \quad ①$$
$$\begin{aligned}(\cos^2 x + \sin^2 x)' &= (\cos^2 x)' + (\sin^2 x)' \\ &= (\cos x \cdot \cos x)' + (\sin x \cdot \sin x)' \\ &= (\cos x)' \cdot \cos x + \cos x \cdot (\cos x)' + \\ &\quad (\sin x)' \cdot \sin x + \sin x \cdot (\sin x)' \\ &= 2(\cos x)' \cdot \cos x + 2\sin x \cdot (\sin x)' \\ &= 2(\cos x)' \cdot \cos x + 2\sin x \cdot \cos x \quad ②\end{aligned}$$

よって①②から、$(\cos x)' \cdot \cos x + \sin x \cdot \cos x = 0$
この式より、$(\cos x)' = -\sin x$ となります。

また、$f(x) = \tan x$ の微分(3) は、

$f(x)\tan x = \dfrac{\sin x}{\cos x}$ なので、第20節で述べた割り算の

微分(6) より、

$$f'(x) = (\tan x)' = \left(\frac{\sin x}{\cos x}\right)'$$

$$= \frac{(\sin x)'(\cos x) - (\sin x)(\cos x)'}{(\cos x)^2}$$

$$= \frac{(\cos x)(\cos x) - (\sin x)(-\sin x)}{(\cos x)^2}$$

$$= \frac{\cos^2 x + \sin^2 x}{\cos^2 x} = \frac{1}{\cos^2 x}$$

よって、$(\tan x)' = \dfrac{1}{\cos^2 x}$ となります。

21 ｜ 微分法（級数展開）
関数を丸裸にする

　微分法は関数の変化の状態を調べたり、最大や最小を求めたりする課題に有効な方法であることを説明しました。ここでは別の重要な効用を紹介します。

　本書での話題は、微分ができる関数についてのみのお話だと考えてください。

　微分法を使ってその概形を描くことができて、関数の変化を調べることも可能なわけですが、これは関数の外見的な姿形の話です。しかし、それだけで終わらないということです。微分できる関数は、微分を通して多項式で近似ができる、つまり、関数の実態を多項式という扱いやすい数式で捉えることができるのです。それは応用上からも重要であるだけでなく、数値計算も可能にします。とりわけ、PCや電卓を使った計算は、この多項式近似がなければ、ほぼ不可能に近いといってもいいでしょう。つまり、微分法は関数を詳しく解析するための顕微鏡の役割も果たすのです。

　まず、最初に関数の導関数と多項式の関係を見てみましょう。$f(x) = (1+x)^n$ とします。

　次の公式は二項定理と呼ばれています。

$$(1+x)^n = 1 + \frac{n}{1!}x + \frac{n(n-1)}{2!}x^2 + \frac{n(n-1)(n-2)}{3!}x^3 +$$

$$\cdots + \frac{n(n-1)\cdots 1}{n!}x^n \quad （いま n は正の整数） \qquad ①$$

「！」は階乗の記号で、「n の階乗 $(n!)$」は、1 から n までのすべての自然数の積 $n! = 1 \times 2 \times 3 \times \cdots\cdots \times n$ を表します。

このとき、この公式の右辺は次のようになっています。

$$
\begin{aligned}
\text{右辺} &= 1 + \frac{n}{1!}x + \frac{n(n-1)}{2!}x^2 + \frac{n(n-1)(n-2)}{3!}x^3 \\
&\quad + \cdots + \frac{n(n-1)\cdots 1}{n!}x^n \\
&= f(0) + f'(0)x + \frac{f''(0)}{2!}x^2 + \frac{f'''(0)}{3!}x^3 \\
&\quad + \cdots + \frac{f^{(n)}(0)}{n!}x^n \tag{②}
\end{aligned}
$$

つまり、$f(x) = (1+x)^n = f(0) + f'(0)x + \frac{f''(0)}{2!}x^2 + \frac{f'''(0)}{3!}x^3 + \cdots + \frac{f^{(n)}(0)}{n!}x^n$ ということです。

このように、①式の右辺は関数 $f(x)$ の微分から得られるということです。

$f'(x)$ は導関数（$= f(x)$ の 1 回目の微分）、$f''(x) = (f'(x))'$ は導関数 $f'(x)$ の導関数（$= f(x)$ の 2 回目の微分）、$\cdots\cdots$以下同様に $f^{(n)}(x) = f(x)$ を n 回微分した導関数です。これらを 1 階、2 階$\cdots$、n 階の導関数といいます。

②式は、実際に関数 $f(x)$ を微分してみればわかります。

$f(0) = 1$

$f'(x) = n(1+x)^{n-1}(1+x)' = n(1+x)^{n-1}$

（第 20 節の微分の性質(5)）

$\Rightarrow x = 0$ のとき　$f'(0) = n$

$$f''(x) = (f'(x))' = (n(1+x)^{n-1})'$$
$$= n(n-1)(1+x)^{n-2}(1+x)'$$
$$= n(n-1)(1+x)^{n-2}$$
$$\Rightarrow f''(0) = n(n-1)$$
$$f'''(x) = (f''(x))' = (n(n-1)(1+x)^{n-2})'$$
$$= n(n-1)(n-2)(1+x)^{n-3}(1+x)'$$
$$= n(n-1)(n-2)(1+x)^{n-3}$$
$$\Rightarrow f'''(0) = n(n-1)(n-2)$$

以下、同様にして

$$f^{(n)}(0) = n(n-1)(n-2)\cdots 1 = n!$$
$$(f^{(n)} は関数 f の n 回目の微分の記号)$$

こうして、②式が正しいことがわかります。

$n = 2, 3, 4$ ならばよく知られた展開式です。

$$(1+x)^2 = 1 + 2x + x^2$$
$$(1+x)^3 = 1 + 3x + 3x^2 + x^3$$
$$(1+x)^4 = 1 + 4x + 6x^2 + 4x^3 + x^4$$

この右辺の式を微分により②のようにして導いてください。

　一般に任意の関数 $f(x)$ に対して、上に見たような関係が成り立つだろうかということです。この関数が何回でも微分ができるという条件の下で、次のような n 次多項式を考えます。$f^{(n)}$ は関数 f を n 回微分したという記号です。

$$f(0) + f'(0)x + \frac{f''(0)}{2!}x^2 + \frac{f'''(0)}{3!}x^3 + \frac{f''''(0)}{4!}x^4 + \cdots + \frac{f^{(n)}(0)}{n!}x^n$$

このとき、$f(x)$ との差を $R_n(x)$ とします。

$$f(x) - \{f(0) + f'(0)x + \frac{f''(0)}{2!}x^2 + \frac{f'''(0)}{3!}x^3 + \frac{f''''(0)}{4!}x^4$$
$$+ \cdots + \frac{f^{(n)}(0)}{n!}x^n\} = R_n(x)$$

この誤差項の $R_n(x)$ は剰余項と呼ばれ、説明は省きますが、$R_n(x) = \frac{f^{(n+1)}(\theta x)}{(n+1)!}x^{n+1}(0 < \theta < 1)$ となります。

もし、n を限りなく大きくしていくときに $R_n(x)$ が限りなく 0 に近づくならば、

$$f(x) = f(0) + f'(0)x + \frac{f''(0)}{2!}x^2 + \frac{f'''(0)}{3!}x^3 + \frac{f''''(0)}{4!}x^4$$
$$+ \cdots + \frac{f^{(n)}(0)}{n!}x^n + \cdots \quad ③$$

と書けることになります。右辺は無限の項を持つ多項式で、これを級数といいます。

これを関数 $f(x)$ のマクローリンの**級数展開**(または、$x = 0$ におけるテイラー展開)と呼んでいます。

ところで、③のような表現(無限個の和)は数学的表現の一つで、いろいろなところに出てきます。項を無限に加えることは意味がありませんので、この場合はあくまで $|R_n(x)| \to 0 \, (n \to \infty)$ ということの別の表現だと考えてください。

または、

$$S_n(x) = f(0) + f'(0)x + \frac{f''(0)}{2!}x^2 + \frac{f'''(0)}{3!}x^3 + \frac{f''''(0)}{4!}x^4$$
$$+ \cdots + \frac{f^{(n)}(0)}{n!}x^n \quad (n = 1, 2, 3, \cdots)$$

としたとき、この数列 $\{S_n(x)\}$ は $(n \to \infty)$ とすれば $|S_n(x) - f(x)| \to 0$ となることを意味することの数学的表現だということです。

以下に示した基本的な関数においては、$|R_n(x)| \to$

186

$0\,(n \to \infty)$ が知られています。

　そのような関数を挙げておきます。

　これらの展開公式は、関数電卓での数値計算にも使われています。たとえば、$e\,(= 2.7182818\cdots)$ を求めるには、下記 (1)に $x = 1$ を代入することで、$1 + 1 + \frac{1}{2!} + \frac{1}{3!} + \cdots$ を計算すればいいのです。最初から有限の項を計算して、その近似値を使うことができます。

$(1)\,e^x = 1 + x + \dfrac{x^2}{2!} + \dfrac{x^3}{3!} + \cdots + \dfrac{x^n}{n!} + \cdots$

$e^x = f(0) + f'(0)x + \dfrac{f''(0)}{2!}x^2 + \dfrac{f'''(0)}{3!}x^3 + \cdots$

　$(e^x)' = e^x$ を使います。$f'(0) = (e^x)'(0)$ と書くことにします。

$= e^0 + (e^x)'(0)x + \dfrac{(e^x)''(0)}{2!}x^2 + \dfrac{(e^x)'''(0)}{3!}x^3 + \cdots$

　$((e^x)'(0) = e^x(0) = e^0 = 1,\ (e^x)''(0) = ((e^x)')'(0)$

　$= (e^x)'(0) = e^x(0) = e^0 = 1,\ \cdots)$

$= 1 + x + \dfrac{x^2}{2!} + \dfrac{x^3}{3!} + \cdots$

$(2)\,\sin x = x - \dfrac{x^3}{3!} + \dfrac{x^5}{5!} - \cdots + (-1)^m \dfrac{x^{2m+1}}{(2m+1)!} + \cdots$

$\sin x = f(0) + f'(0)x + \dfrac{f''(0)}{2!}x^2 + \dfrac{f'''(0)}{3!}x^3 + \cdots$

　(COLUMN2 で紹介した $(\sin x)' = \cos x$, $(\sin x)'' = (\cos x)' = -\sin x$ を使います。また、$f'(0) = (\sin x)'(0) = (\cos x)(0) = \cos 0 = 1$ と書くことにします)。

$$= \sin 0 + (\sin x)'(0)x + \frac{(\sin x)''(0)}{2!}x^2$$

$$+ \frac{(\sin x)'''(0)}{3!}x^3 + \cdots$$

$$(\sin x)'(0) = (\cos x)(0) = \cos 0 = 1$$

$$(\sin x)''(0) = ((\sin x)')'(0) = (\cos x)'(0) = (-\sin x)(0)$$

$$= -\sin 0 = 0$$

$$(\sin x)'''(0) = ((\sin x)'')'(0) = (-\sin x)'(0)$$

$$= (-\cos x)(0) = -1$$

$$= x - \frac{x^3}{3!} + \frac{x^5}{5!} - \cdots$$

$$(3) \cos x = 1 - \frac{x^2}{2!} + \frac{x^4}{4!} - \cdots + (-1)^m \frac{x^{2m}}{(2m)!} + \cdots$$

((1)〜(3)はすべての x について成り立ちます)

$$(4) \log(1+x) = x - \frac{x^2}{2} + \frac{x^3}{3} - \cdots \frac{(-1)^{n-1}}{n}x^n + \cdots$$

(ただし、 $-1 < x \leqq 1$)

$((\log(1+x))' = \frac{1}{1+x}$, $(\log(1+x))'' = (\frac{1}{1+x})' = \frac{-1}{(1+x)^2}$ を使います)

$$(5) \frac{1}{1+x} = 1 - x + x^2 - x^3 + \cdots + (-1)^n x^n + \cdots$$

$(-1 < x < 1)$

((1)〜(5)の n, m は0を含む自然数。 $0! = 1$ とする)

$$(6)(1+x)^\alpha = 1 + \frac{\alpha}{1!}x + \frac{\alpha(\alpha-1)}{2!}x^2 +$$

$$\frac{\alpha(\alpha-1)(\alpha-2)}{3!}x^3 + \cdots + \frac{\alpha(\alpha-1)\cdots(\alpha-n+1)}{n!}x^n$$

$$+ \cdots \qquad (ただし、 \alpha は任意の実数、 -1 < x < 1)$$

　この式は一般二項定理と呼ばれており、$\alpha = n$（正の整数）の場合が①の二項定理です。①の場合に項が有限なのは$f^{(n+1)}(x) = 0$となるからです。

　ところで、多項式近似の実際を(2)の状況から見ると下図のようになります。

　$y = \sin x$を有限の多項式が近似していく状況です。

$$y = x,\ y = x - \frac{x^3}{6},\ y = x - \frac{x^3}{6} + \frac{x^5}{120}$$

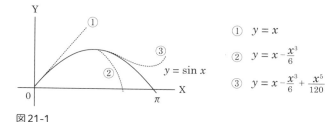

① 　$y = x$

② 　$y = x - \dfrac{x^3}{6}$

③ 　$y = x - \dfrac{x^3}{6} + \dfrac{x^5}{120}$

図 21-1

　何度でも微分ができる関数$f(x)$は各点でこのような級数展開（テイラー展開）が考えられます。何度でも微分ができる関数$f(x)$は多項式で近似できるということです。

　前節で述べた1次近似というのは、このような展開の1次式の部分を考えているのです。

　また、この級数を用いて関数の値についての近似値を求めることができます。次のような式は覚えておくと便利です。

$$\sin x \fallingdotseq x - \frac{x^3}{6},\ \cos x \fallingdotseq 1 - \frac{x^2}{2},\ (1+x)^n \fallingdotseq 1 + nx$$

$$\log(1+x) \fallingdotseq x - \frac{x^2}{2},\ a^x \fallingdotseq 1 + x \log a$$

　ざっくりといえば、関数といってもしょせんは多項式が基本の世界です。ゆえに高校数学では多項式の学習をしっかりとやっておくとよいのです。

22 | ネイピア数
どうでもいい(e)話?

　底が10である対数関数$y = \log_{10} x$による対数は常用対数と呼ばれています。

　数による計算は10進数の数で行われるので、大きな桁の数を簡単にするために考えられた対数計算の底は10であることが実用的です。その一方で、数学は数値計算だけにとどまるのではなく、さまざまな現象の解析や表現の道具として用いられます。そのような道具として役立てるためには、別の底の方が便利なケースが多々あります。特に、微積分学において重要なのがeです。**ネイピア数**と呼ばれる定数で、e = 2.718281828…は無理数です。ネイピアが対数表を作成したときに使った等比数列の公比は$(1 - \frac{1}{10^7})$で、ビュルギのものは$(1 + \frac{1}{10^4})$でした（第18節）。

　ネイピア数eの出発点はこれらの公比にあります。

　実際、具体の値を計算すると次のようになります。

$$(1 - \tfrac{1}{10^7})^{10^7} \fallingdotseq 0.367879422 \cdots , \quad \tfrac{1}{e} \fallingdotseq 0.367879441 \cdots$$
$$\Rightarrow \quad (1 - \tfrac{1}{10^7})^{10^7} \fallingdotseq \tfrac{1}{e} , (1 + \tfrac{1}{10^4})^{10^4} \fallingdotseq 2.71814 \cdots \fallingdotseq e$$

　eはひょんなことから出てきたのですが、数学はもちろん数学を応用するすべての分野で極めて重要な数になるということを誰が想像できたでしょう。

　eの価値を見出して活躍せしめた立て役者は、かの有名な数学者オイラーです。eを数列$(1 + \frac{1}{n})^n$の極限（$n \to \infty$）

としてとらえたのもオイラーです。記号 e はオイラーを顕彰する e（Euler の e）なのです（e を用いた三角関数と複素数に関する革新的なオイラーの定理があります。幾何・解析編参照）。

ところで、いまお騒がせしている e は $(1 + \frac{1}{n})^n$ の $n \to \infty$ のときの値です。

つまり、$\displaystyle\lim_{n\to\infty} \left(1 + \frac{1}{n}\right)^n = e$ ということです。（＊）

ここでは、e が2から3の間の数（$2 < e < 3$）であることを説明しておきましょう。

$(1 + \frac{1}{n})^n$ に対する二項定理より（第21節参照）、

$$
\begin{aligned}
\left(1 + \frac{1}{n}\right)^n &= 1 + \frac{n}{1}\left(\frac{1}{n}\right) + \frac{n(n-1)}{2!}\left(\frac{1}{n}\right)^2 \\
&\quad + \frac{n(n-1)(n-2)}{3!}\left(\frac{1}{n}\right)^3 + \cdots + \left(\frac{1}{n}\right)^n \\
&= 1 + 1 + \frac{1}{2!}\left(1 - \frac{1}{n}\right) + \frac{1}{3!}\left(1 - \frac{1}{n}\right)\left(1 - \frac{2}{n}\right) \\
&\quad + \cdots + \frac{1}{n!}\left(1 - \frac{1}{n}\right)\left(1 - \frac{2}{n}\right)\cdots\left(1 - \frac{n-1}{n}\right) \\
&= 2 + \cdots \quad > 2
\end{aligned}
$$

いま、数列 $p_n = (1 + \frac{1}{n})^n$（$n = 1, 2, 3, \cdots$）を考えると、どのような n に対しても $p_n > 2$ となり、p_n の収束した先である e も2より小さくはないことがわかるというわけです。

また、一方、$n! = 1 \cdot 2 \cdot 3 \cdot \cdots \cdot n > 1 \cdot 2 \cdot 2 \cdot \cdots \cdot 2 = 2^{n-1}$ ですので、すべての n に対して $p_n < 1 + 1 + \frac{1}{2} + \frac{1}{2^2} + \frac{1}{2^3} + \cdots + \frac{1}{2^n} + \cdots = 3$（2項目から先は公比 $\frac{1}{2}$ の等比数列なので、等比数列の和 $= 2$）です。

こうして、e は2と3の間の数値であることがわかります。

ネイピア数 e は2と3の間の数値ですが、実際の近似値は

第21節で出てきた $y = e^x$ のマクローリン展開から計算できます。これも微分法の効用です。

ところで、$\lim_{n \to \infty} \left(1 + \frac{1}{n}\right)^n = e$ のときの n は自然数である必要はありません。どんな実数 x でも、$\lim_{x \to \infty} \left(1 + \frac{1}{x}\right)^x = e$ となります。($x \to \infty$ でも $x \to -\infty$ でも同じ)

それは、以下のような理由によります。

どんな数値 $x > 0$ であれ、ある自然数 n を使って、$n \leqq x < n + 1$ にできます。このとき、"$x \to \infty \Leftrightarrow n \to \infty$" となります。

したがって $\frac{1}{n+1} < \frac{1}{x} < \frac{1}{n}$ となり、$1 + \frac{1}{n+1} < 1 + \frac{1}{x} \leqq 1 + \frac{1}{n}$ です。

このことから、$(1 + \frac{1}{n+1})^n < (1 + \frac{1}{x})^x < (1 + \frac{1}{n})^{n+1}$ です。 ①

ここで、$x \to \infty$ とすると $n \to \infty$ になります。

①の左端 $= (1 + \frac{1}{n+1})^n = (1 + \frac{1}{n+1})^{n+1} \cdot \frac{1}{(1 + \frac{1}{n+1})}$

ここで、$n \to \infty$ のとき右辺で（＊）より $(1 + \frac{1}{n+1})^{n+1} \to e$

$(n + 1)$ は自然数ですので、$\frac{1}{(1 + \frac{1}{n+1})} \to 1$ となります。よって $(1 + \frac{1}{n+1})^n \to e \cdot 1 = e$ となります。 ②

また、①の右端 $= (1 + \frac{1}{n})^{n+1} = (1 + \frac{1}{n})^n \cdot (1 + \frac{1}{n})$

ここで、$n \to \infty$ のとき右辺で（＊）より $(1 + \frac{1}{n})^n \to e$

n は自然数ですので、$(1 + \frac{1}{n}) \to 1$ となります。よって $(1 + \frac{1}{n})^{n+1} \to e \cdot 1 = e$ となります。 ③

②と③より、①で$x \to \infty$のとき$n \to \infty$ですので、真ん中の項$\left(1 + \frac{1}{x}\right)^x$も$e$に収束するというわけです。

こうして、$\lim\limits_{x \to \infty} \left(1 + \frac{1}{x}\right)^x = e$ というわけです。 ④

（ここでは示しませんが、$x \to -\infty$でも成り立ちます）

ここで、eの他の性質を見ておきましょう。

(1)指数関数$y = a^x$を微分したときに、$x = 0$での微分係数がちょうど1となるときのaがeなのです。

$f(x) = a^x$, $f'(0) = 1$ $\Rightarrow$ $a = e$ （逆も成り立ちます）

それは、$y = a^x$ならば$y' = a^x \log a$（この対数の底はe）で、$x = 0$のときは$y' = a^0 \log a = \log a$です。$y' = 1$とすると$\log a = 1$なので、$a = e^1 = e$となります。

(2)$y = e^x$のとき$y' = e^x$となります。

それは、$y = a^x$の導関数は$y' = a^x \log a$なので、$a = e$のとき$y' = e^x \log e = e^x$ （$\log e = 1$なので）となります。

ここで、

(3)$y = f(x) = a^x$ならば$y' = f'(x) = a^x \log a$であることを示しておきましょう。

『解析概論』（高木貞治著 岩波書店 1961 pp.45-46）にあるエレガントな方法を紹介します。

導関数の求め方は第20節にありますように、次のようにします。

$$y' = f'(x) = \lim_{h \to 0} \frac{f(x+h) - f(x)}{h}$$

そこで、$\frac{f(x+h) - f(x)}{h}$を考えてみましょう。

$\frac{f(x+h)-f(x)}{h} = \frac{a^{x+h}-a^x}{h} = a^x \times \frac{a^h-1}{h}$ となりますので、

$(h \to 0)$ のときの $\frac{a^h-1}{h}$ を求めればよい。

(ア) $h > 0$ のとき、$a^h - 1 = \frac{1}{t}$ とする。$a^h > 1$ なので $t > 0$、また $t = \frac{1}{a^h-1}$ なので $(h \to 0)$ のとき $(t \to \infty)$ となる。

$a^h = 1 + \frac{1}{t} \Rightarrow h = \log_a\left(1 + \frac{1}{t}\right) \Rightarrow$

$\frac{a^h-1}{h} = \frac{\frac{1}{t}}{\log_a\left(1+\frac{1}{t}\right)} = \frac{1}{t\log_a\left(1+\frac{1}{t}\right)} = \frac{1}{\log_a\left(1+\frac{1}{t}\right)^t}$

$(h \to 0)$ のとき $(t \to \infty)$、$\log_a\left(1 + \frac{1}{t}\right)^t = \frac{\log\left(1+\frac{1}{t}\right)^t}{\log a}$

$\to \frac{\log e}{\log a} = \frac{1}{\log a}$ (④より $\left(1+\frac{1}{t}\right)^t \to e$)

よって、$\frac{a^h-1}{h} = \frac{1}{\log_a\left(1+\frac{1}{t}\right)^t} \to (h \to 0) \to \log a$ ⑤

$\frac{f(x+h)-f(x)}{h} = a^x \times \frac{a^h-1}{h} \to (h \to 0) \to a^x \log a$

$\therefore y' = f'(x) = \lim_{h \to 0} \frac{f(x+h)-f(x)}{h} = a^x \log a$

(イ) $h < 0$ のとき、$h = -k$ とする $(k > 0)$。

$\frac{a^h-1}{h} = \frac{a^{-k}-1}{-k} = \frac{a^h-1}{ka^k} = \frac{a^k-1}{k} \times \frac{1}{a^k} \quad \to (h \to 0) \to$
$(k \to 0) \to \log a$ (⑤と $a^k \to 1$ より)

$\therefore y' = f'(x) = \lim_{h \to 0} \frac{f(x+h)-f(x)}{h} = a^x \log a$

(ア)(イ)より $y' = f'(x) = a^x \log a$

もう一つおまけに、次のことを示しておきましょう。

(4) $f(x) = \log x$ ならば $f'(x) = \frac{1}{x}$

$h > 0$ のとき

$\frac{f(x+h)-f(x)}{h} = \frac{\log(x+h)-\log x}{h} = \frac{\log((x+h)/x)}{h}$

$= \frac{1}{h}\log\left(1+\frac{h}{x}\right) = \log\left(\left(1+\frac{h}{x}\right)\right)^{\frac{1}{h}} = \log\left\{\left(1+\frac{1}{\frac{x}{h}}\right)^{\frac{x}{h}}\right\}^{\frac{1}{x}}$

194

このとき、$(h \to 0) \to \left(\frac{x}{h} \to \infty\right)$ なので、④より $\left(1 + \frac{1}{\frac{x}{h}}\right)^{\frac{x}{h}} \to \left(\frac{x}{h} \to \infty\right) \to e$

よって、$\log\left\{\left(1 + \frac{1}{\frac{x}{h}}\right)^{\frac{x}{h}}\right\}^{\frac{1}{x}} \to (h \to 0) \to \log e^{\frac{1}{x}} = \frac{1}{x}\log e = \frac{1}{x}$　$(\log e = 1)$

$h < 0$ のときでも④は成り立つので、同様に示すことができます。

こうして、$(\log x)' = \frac{1}{x}$ となります。

実は、ネイピア数 e は決して「どうでもいい数」ではなく、数学にとってはなくてはならないウルトラ定数です。先ほど述べたこの定数に関する性質(1)や(2)が微積分学ではたいへん貴重です。また、私たちの周囲には比例や反比例などの現象が多いのですが、自然な増加（または減少）の現象の場合、その変化率が現在量に比例（または反比例）する場合が多いのです。このような現象の多くは e を底とする指数関数や対数関数で表されます（第26節参照）。さらに、電波や音波などの波を扱うのは三角関数ですが、三角関数と e は切っても切れない縁があります（幾何・解析編で触れる予定です）。有名なオイラーの公式の $e^{\pi i} = -1$ もここから出てきます（π は円周率、$i = \sqrt{-1} = $ 虚数単位）。一方、統計学などでよく出てくる正規分布の曲線は e を底とする指数関数です。経済的な現象を示す関数にも表れます。このように、e がなくては数学も科学も生きられない、といっても e くらいなのです。

23 | 積分法（求積）
紀元前の昔からある面積計算

　面積や体積を求めることを**求積**といいます。求積の方法が**積分**と呼ばれるものです。ただ、現在では積分は微分の逆の演算という意味で使われますので、正確には面積を求める積分は定積分といいます。そのいきさつは後ほど説明します。

　求積は人類文明発祥の古くからありました。

　古代エジプトのリンドパピルス（紀元前1650年頃）やバビロニアのハムラビ法典（紀元前1800年〜紀元前1600年頃）には、長方形、三角形、等脚台形、円の面積や半球の表面積の計算や、角すい台の体積の計算などが書かれています。

　古代ギリシャの時代には、かの著名なアルキメデスが (1)円や楕円の面積 (2)放物線と直線で囲まれた部分の面積 (3)球の体積、球の表面積 (4)螺旋に関する求積 (5)回転体の体積などについて記しています。特筆すべきは、これらの面積や体積を計算しただけでなく、その卓越した方法論並びにその結果の正しいことを論証してみせたことです。記号も数字も不便な時代に、このような知の巨人がいたのは驚くほかありませんが、それはアルキメデスに限ったことではありませんから、古代ギリシャという時代はすごい時代といえます。

　たとえば、円の面積に関しては、小学校の教科書に小さな三角形を集めて長方形のような形にして近似する方法が載っ

ています。

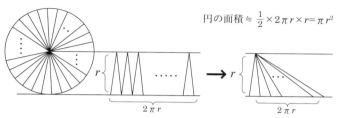

$$円の面積 ≒ \frac{1}{2} × 2\pi r × r = \pi r^2$$

図23-1

　これはアルキメデスの考えた方法で、この図23-1はケプラーがアルキメデスの方法を模して考えたということです。このようにして、求める図形を既知（面積や体積が計算できる）の図形で埋めて近似するという方法がアルキメデスの時代にはすでに行われていたのです。

　基本的には、現在でもそれは変わっていません。

　ただ、この方法の問題点は、図23-1の円の場合に見られるように、いくら三角形を細くしても、厳密にはその底辺の直線は円弧とは同じにはならないということです。しかも、細くしていくと底辺の長さも面積も0になってしまい、0を足し合わせても0なので、この方法の正当性への疑問が出てきます。このように、面積計算を既知の図形で近似する方法で数学的に問題がないとする基礎が確立するのは19世紀以降になってからです。ここではそのことに言及しませんが、そのアイデアだけをご紹介しましょう。

　そこで、いま $f(x) = x^2$ という関数とX軸と $x = 1$ で囲まれた領域の面積を求めることを考えてみます。

この領域を下図（図23-2）のように、面積が計算可能な図形（長方形）で近似するということです。

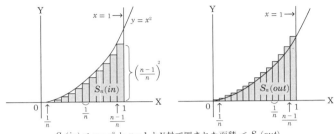

$$S_n(in) < y = x^2 \text{ と } x = 1 \text{ とX軸で囲まれた面積} < S_n(out)$$

図 23-2

たくさんの長方形の短冊を足して近似する方法はブレーズ・パスカル（1623-1662）の発想だといわれています。

$x = 0$ から $x = 1$ までを n 等分して、図のように短冊を並べ、曲線で囲まれた領域の面積を内側と外側とで挟み撃ちにして、それぞれの和を求めて、n を限りなく大きく（＝横幅を小さく）します。つまり、短冊の底辺を細くしていけばいくほどその和は曲線で囲まれた領域の面積に近づくであろうというわけです。実際、そうであることを確かにするために、それを内側（図23-2左）と外側（図23-2右）の面積を代数的に計算するという方法です。

この挟み撃ちにする方法もアルキメデスに由来するものです。

内側（$S_n(in)$）と外側（$S_n(out)$）を計算します。

$S_n(in) = $ 内側の短冊の面積の和

$$= (\tfrac{1}{n})^2 \times \tfrac{1}{n} + (\tfrac{2}{n})^2 \times \tfrac{1}{n} + (\tfrac{3}{n})^2 \times \tfrac{1}{n} + \cdots + (\tfrac{n-1}{n})^2 \times \tfrac{1}{n}$$

$$= \{(\tfrac{1}{n})^2 + (\tfrac{2}{n})^2 + (\tfrac{3}{n})^2 + \cdots + (\tfrac{n-1}{n})^2\} \times \tfrac{1}{n}$$

$$= \{(1)^2 + (2)^2 + (3)^2 + \cdots + (n-1)^2\} \times \tfrac{1}{n^3}$$

$$= \tfrac{n(n-1)(2n-1)}{6} \times \tfrac{1}{n^3}$$

$S_n(out) =$ 外側の短冊の面積の和

$$= (\tfrac{1}{n})^2 \times \tfrac{1}{n} + (\tfrac{2}{n})^2 \times \tfrac{1}{n} + (\tfrac{3}{n})^2 \times \tfrac{1}{n} + \cdots + (\tfrac{n}{n})^2 \times \tfrac{1}{n}$$

$$= \{(\tfrac{1}{n})^2 + (\tfrac{2}{n})^2 + (\tfrac{3}{n})^2 + \cdots + (\tfrac{n}{n})^2\} \times \tfrac{1}{n}$$

$$= \{(1)^2 + (2)^2 + (3)^2 + \cdots + (n)^2\} \times \tfrac{1}{n^3}$$

$$= \tfrac{n(n+1)(2n+1)}{6} \times \tfrac{1}{n^3}$$

（ただし、$1^2 + 2^2 + 3^2 + \cdots + n^2 = \tfrac{n(n+1)(2n+1)}{6}$ ）

　求める面積を S とすると $S_n(in) < S < S_n(out)$ となります。ここで、n を限りなく大きくします。

$$S_n(in) = \tfrac{n(n-1)(2n-1)}{6} \times \tfrac{1}{n^3} = \tfrac{1}{6} \times \tfrac{n}{n} \times \tfrac{n-1}{n} \times \tfrac{2n-1}{n}$$

$$= \tfrac{1}{6} \times 1 \times (1 - \tfrac{1}{n}) \times (2 - \tfrac{1}{n})$$

n を限りなく大きくする $(n \to \infty)$ と $\tfrac{1}{n} \to 0$ ですので、

$S_n(in) \to \tfrac{2}{6} = \tfrac{1}{3}$　　同様に考えて、$S_n(out) \to \tfrac{1}{3}$

こうして $S = \tfrac{1}{3}$ となります。

曲線（放物線）で囲まれた面積は1/3だということです。

　このように、まず n 個までの和を求めておいて、n を限りなく大きくした $(n \to \infty)$ ときの和の値を求めるという操作を行います。これは無限個の和を求めるということですが、これはあくまで記号上のことです。これは次のような意味です。

　$S_n(in)$ を例に説明しますと、区分の個数 n に関する次の

ような数の列（数列）ができます。

$$S_1(in) , S_2(in) , S_3(in) , \cdots, S_n(in) , \cdots$$

これは無限個の列ですが、nを大きくしていけばしていくほど、ある定まった値に近づいていくならば、この数列はその定まった値に収束するといいます。そのことを表現したのが無限和による表記なのです。

実際、この場合は$|S_n(in) - \frac{1}{3}| \to 0(n \to \infty)$となりますので、$\frac{1}{3}$に収束するということです。

そのことを$\displaystyle\lim_{n \to \infty} S_n(in) = \frac{1}{3}$と書きます。

このような操作を極限操作といいます。

アルキメデスの時代には、極限操作という概念がなかったので、計算可能な図形（たとえば、三角形、四角形）を用いて近似して予測を立て（$S = \frac{1}{3}$と予測を立てる）、それを証明するといったことをやっています（$S > \frac{1}{3}$または$S < \frac{1}{3}$と仮定して矛盾を導く）。

現代では、このような代数的な計算により、その極限を求めるという方法で処理できるわけです。

ここで、さらにもう一歩踏み込んで、この一連の計算を一般化することを考えてみます。

いまは$x = 0 \sim 1$までをn等分したわけですが、区間$[0 ,1]$ではなくて、任意の点xに対して区間$[0, x]$をn等分することにするのです。いましばらくはxを固定して考えることにします。これも数学で用いる常套手段の一つです。

そうすることで、面積Sは定数ではなく、xを変数とする関数になります。

その関数を$S(x)$と書いておきましょう。

　基本的には先ほどと同じです。区間 $[0, x]$ を n 等分したと考えて、計算すればいいのです。

$$S_n(in) = \frac{n(n-1)(2n-1)}{6} \times \frac{1}{n^3} \times x^3 < S(x) < S_n(out)$$
$$= \frac{n(n+1)(2n+1)}{6} \times \frac{1}{n^3} \times x^3$$

　こうして、n を限りなく大きくすると $S(x) = \frac{1}{3} \times x^3 = \frac{x^3}{3}$ となります。

　$f(x) = x^2$ という曲線の $0 \sim x$ までの面積（以後、区間 $[0, x]$ 上の面積ということにします）を求めると、$\frac{x^3}{3}$ という x を変数とする関数になります。

　$S(x) = \frac{x^3}{3}$ ということです。……㋐

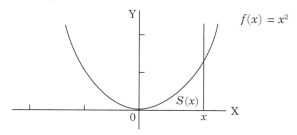

図 23-3

　$S(x)$ は区間 $[0, x]$ 上の面積を表す関数ということです。

　つまり、関数 $S(x)$ によってこの曲線で囲まれた領域の面積が自由に計算できるようになったわけです。

　こうして、区間 $[0, 1]$ 上の面積は、㋐を使い $S(1) = \frac{1}{3}$ として求まります。

　また、もし区間 $[1, 3]$ 上の面積を求めようとすれば、次図（図 23-4）からわかるように区間 $[0, 3]$ 上の面積から区間 $[0, 1]$ 上の面積を引けばよいのです。再び㋐を使い

$S(3) - S(1) = \frac{3^3}{3} - \frac{1}{3} = \frac{26}{3}$ となります。

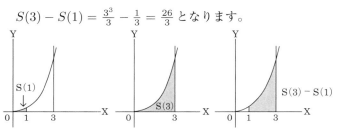

図 23-4

　このように面積の関数 $S(x)$ がわかれば、具体的に与えられた範囲での面積は計算ができることになります。

　ここまで述べたように、区間を等分割し、短冊で囲んで面積を求める方法を区分求積法といいます。

　ただ、このような方法を個別にやっていたのでは大変なことになります。そこで、面積の関数 $S(x)$ を求める別の方法がないものかというのが次節になります。

24 | 積分法と微分法
ニュートンと
ライプニッツの合わせ技

　前節では、曲線の $f(x) = x^2$ と X 軸とで囲まれた区間 $[0, x]$ 上の面積を求めるために、区分求積法で計算をすることで、面積を表す関数 $S(x)$ を求めることができました。

　$S(x) = \frac{x^3}{3}$ でした。……(ア)　これを用いて、$[1, 2]$ 上の面積を計算してみます。

　（$[0, 2]$ 上の面積）$-$（$[0, 1]$ 上の面積）$= S(2) - S(1) =$ $\frac{1}{3} \times 2^3 - \frac{1}{3} \times 1^3 = \frac{7}{3}$ として求まります。　①

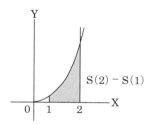

図 24-1

　しかし、関数 $S(x)$ を求めるために、この手続き（短冊）をそのたびにやっていたのでは大変なことになります。ところが、幸いなことに曲線の $f(x) = x^2$ とその面積 $S(x)$ $(= \frac{x^3}{3})$ を求める関数の間に次のような関係が成り立つことを発見した人々がいたのです。17 世紀の後半のことです。

$$S'(x) = \left(\tfrac{x^3}{3}\right)' = x^2 = f(x)$$

　面積の関数 $S(x)$ を微分するともとの関数 $f(x)$ になるということです。逆の見方をすれば、関数 $f(x)$ で囲まれた領域の面積を求めたければ、

　　"微分したときに $f(x)$ になっているような関数を探せ！"

ということなのです。

　このような関数を探す操作のことを $f(x)$ の積分と呼び、$f(x)$ は被積分関数と呼ばれます。この操作の方法（積分法）が確立すれば、面積関数が見つかり、面積計算は楽になるのです。

　簡潔に示すと、下のようになります。

　　$S(x)$　　→（微分）→　$f(x)$　　　$S'(x) = f(x)$
　　$S(x)$?　　←（積分）←　$f(x)$　　　（＊）

　ただ、実際には（＊）では、少しだけおまけの条件がつくのですが……。そのことについては後に述べます。

　それゆえにこの操作（＝ 積分）のことを**不定積分**という呼び方をしています。不逞ではありませんが、不定というのも聞こえがよくないですね。ただ、いずれにしても、

　「微分と積分とが互いに逆の操作である」

ということを意味しており、このことが微積分学のおおもとにある原理なのです。これは、解析学では欠かせない重要な原理です。

　それは次のような事情があるからです。

（1）曲線（関数）で囲まれた領域の具体の求積

　　これは、基本的には短冊で近似して代数計算に持ち込む

という手間暇がかかります（第23節）。

しかし、いま述べた原理があれば、その関数の積分によって面積関数がわかり、その手間を省けます。

⑵微分方程式を解く（第26節を参照）

微分方程式は微分を使って表された方程式です。それを解くにはその逆操作が必要になりますが、その逆操作が積分というわけですから、積分で解くことができます。

もっとも、積分を求めることがやさしければの話ですが。

それでも険しい登山道のバイパスができたという意味では大きな前進なわけです。

そこで、（＊）の話（積分を求める）を先にしましょう。

$S'(x) = f(x)$ を満たす関数 $S(x)$ を見つけることが積分です。……㈭

ところが、$(S(x) + C)$ の形の関数も㈭を満たすのです。

実際、$(S(x) + C)' = S'(x) + C' = S'(x) = f(x)$ となります（Cは定数なのでその微分は0）。

つまり、$f(x)$ の積分は一通りに定まりません。それが不定ということです。しかし、心配はご無用です。実は $(S(x) + C)$ の形の関数以外にはないのです。

なぜならば、$S(x)$ 以外の㈭を満たす関数を $T(x)$ とします。$T'(x) = f(x)$ です。このとき、$(T(x) - S(x))' = T'(x) - S'(x) = f(x) - f(x) = 0$ です。

ところが、微分をして0となる関数は定数しかないので、$T(x) - S(x)$ は定数ということになります。こうして、$T(x) - S(x) = C$（Cは不定定数）とすると $T(x) = S(x) + C$ ということになります。

以上のことからわかるのは、関数 $f(x)$ に対してその積分

はただ一通りには定まらないが、その違いが定数だけの違いであるということです。

　この違いは、具体的に面積を求める場合にはまったく影響しないということです。どれを使っても結果は同じです。

　そのことを見てみましょう。

　この節の冒頭で示した、曲線の $f(x) = x^2$ とX軸とで囲まれた区間 $[1, 2]$ 上の面積の求め方についてもう一度考えてみます。

　⒜ $f(x)$ を積分する。（㈡のことです）

　$f(x)$ は単項式なので、単項式の微分の公式 $(x^n)' = nx^{n-1}$ を使います。

$$(x^n)' = nx^{n-1} \Leftrightarrow \frac{(x^n)'}{n} = x^{n-1} \Leftrightarrow \left(\frac{x^n}{n}\right)' = x^{n-1}$$

　$n = 3$ とすれば、$\left(\frac{x^3}{3}\right)' = x^2$ なので、$S(x) = \frac{x^3}{3}$ ということになります。こうして、$S'(x) = f(x)$ の候補が（一つ）見つかったことになります。

　これは、㈠と同じ関数です。しかし、生まれが違います。それは㈠は区分求積法から求められた面積の関数でした。しかし、いまは $f(x)$ を積分することで求めた関数です。これが一致しています。微分と積分は互いに逆操作の関係にあり、それを使って面積を求めることができる⑴ということです。

　ただ、先ほど述べたように $S(x) + C = \frac{x^3}{3} + C$（$C$：任意定数）も $f(x)$ の積分になります。したがって、一般的にいえば、$f(x)$ の積分は $S(x) + C = \frac{x^3}{3} + C$ です。しかし、くり返しますが、面積を求めるにはどれを使っても問題は起きません。そのことを説明します。

　⒝区間 $[1, 2]$ 上の面積を求める。この面積を A とします。

　冒頭①を見てください。その面積は、$S(x)$ を使って、$A = S(2) - S(1) = \frac{7}{3}$ として求めました。そこで、いま(a)で求まった（$f(x)$ の積分）の一般形を使ってみます。

　$T(x) = S(x) + C$　$\left(= \frac{x^3}{3} + C\right)$ とします。C を具体に一つ決めていると考えてください。このとき、$T(2) - T(1) = (S(2) + C) - (S(1) + C) = S(2) - S(1)$ となります。

　この式から　$T(2) - T(1) = S(2) - S(1)$ です。

　したがって、$A = S(2) - S(1) = T(2) - T(1)$

　こうして、関数 $T(x)$ を使う場合でも、区間 $[1, 2]$ 上の面積を求めるという具体の計算では、

　$A = T(2) - T(1)$ とすればよいことになります。

　つまり、具体の面積計算では不定定数 C は関係しません。換言すれば、$f(x)$ の積分で得られたどの関数を用いてもよいということです。

　以上のことをまとめると次のようになります。

　関数 $f(x)$ と X 軸で囲まれてできる区間 $[a, b]$ 上の面積 A は、$f(x)$ の積分を $F(x)$ としたとき、

　$A = F(b) - F(a)$ で求まる。……(ウ)

　ただし、いま区間 $[a, b]$ 上で $f(x) \geqq 0$ とする。

　これを微分積分法の基本公式と呼んでいます。

　ここで、少し記号を紹介しましょう。

　まず、数学用語から始めます。

　関数 $f(x)$ に対して、微分すると $f(x)$ になる関数のことを $f(x)$ の原始関数といいます。つまり、原始関数とは、$f(x)$ の積分で求まる関数のことです。

　そして、$f(x)$ を積分することを $\int f(x)\,dx$ という記号で表します。$\int$ は積分記号と呼ばれていますが、総和

（summation）のsから来ているといわれます。

　区分求積法（短冊）を思い出してください。

　面積を求めるには区間を分割して、その小さな分割に高さを掛けた長方形の面積を足して求めました。そのイメージを記号化したと考えればいいでしょう。

　各 x での細い長方形の面積 ＝ 高さ × 小さな分割 ＝ $f(x)\,dx$
これを足し合わせる。

$$f(x_1)dx + f(x_2)dx + f(x_3)dx + \cdots \quad \rightarrow \quad \int f(x)dx$$

これはあくまでイメージです。

　そこで、$f(x)$ の原始関数の一つを $F(x)$ とするとき、原始関数の一般形は $(F(x) + C)$ ですので、これを

$$\int f(x)\,dx = F(x) + C \quad （C：不定定数）$$

と表記します。これが記号化された不定積分です。

　さらに、この記号を使って、$\int_a^b f(x)dx = F(b) - F(a)$ として、これを関数 $f(x)$ の**定積分**と呼んでいます。

　記号 $\int_a^b f(x)\,dx$ は、$f(x)$ の積分で求まった原始関数 $F(x)$ から $(F(b) - F(a))$ を計算せよという意味です。それが定積分です。このことを簡潔に、"$f(x)$ を $x = a$ から $x = b$ まで積分する" といいます。

㈡をこの記号で表記すると次のようになります。

$$A = \int_a^b f(x)dx\ (\,= F(b) - F(a))$$

　微分積分法の基本公式の記号表記です（図24-2）。

　こうして、求積問題は古代を乗り越えて新たな夜明けを迎えたというわけです。

　この基本公式の確立の立て役者は、同じ時代を生きた二人の天才であるイギリスのアイザック・ニュートン（1642-1727）やドイツのゴッドフリート・ライプニッツ（1646-

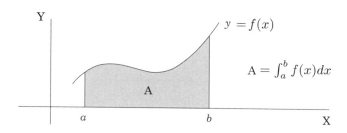

図 24-2

1716）です。この２人による、微分と積分が逆の操作であるという原理の発見は、その後の数学に画期的な発展をもたらしました。その意味で、微積分学の始まりはニュートンとライプニッツとされています。

　もう少し詳しくいえば、面積を求める積分については古くからの手法があり、17世紀の後半にはある水準にまで達していたのですが、微分の概念（与えられた曲線の接線を求める一般的な方法）の方が遅れていました。この微分の概念を確立して、面積との関係に道をつけたのがこの二人であったということです。ライプニッツの言葉を借りれば次のようになります。「一般の求積問題は、一定の傾きの法則を持つ曲線を求めることに帰着する」、一定の傾きの法則こそ、微分係数（導関数）だったのです（フレイマン著『十四人の数学者―微積分の創造―』　東京図書　1970　p.123）。

25 │ 積分法 （不定積分と定積分） やってみよう積分

　ここでは、具体的に不定積分と定積分の話をします。

　$f(x) = x^2 - 3x + 2$ とX軸で囲まれた $x = 0 \sim 2$ の面積（定積分）を求めてみます。前節で、微分積分法の基本公式が出てきました。したがって、$f(x)$ の原始関数 $F(x)$ を求めて、次のようにしたいところです。

$$\int_0^2 f(x)\,dx = \int_0^2 (x^2 - 3x + 2)dx = F(2) - F(0)$$

　しかしながら、伝家の宝刀も使い方をまちがっては正解にはたどり着けません。実は、面積を計算するときは $f(x) \geqq 0$ という条件が必要になります。その理由は下記で説明します。

　まずは $f(x)$ のグラフを描いてみましょう。この場合の曲線は放物線になります。

　$x^2 - 3x + 2 = (x - 1)(x - 2)$ ですので、このグラフはX軸と $x = 1, 2$ で交わり、Y軸とは $y = 2$ で交わりますので、グラフに表すと図25-1のようになります。求めるのは色のついた領域の面積です。

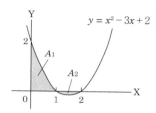

図25-1

　この図からわかるように、X軸の上側と下側にある色つき
の部分が求める面積です。このような場合には二つに分けて
考えることが必要です。それは次のような理由からです。

　(1)面積の求め方は、すでに第23節で見たように、短冊で
　　　囲ってその短冊の面積を足し合わせて、その極限を計算
　　　するというのが基本です。

　(2)そうするとX軸より上にある部分には問題はないです
　　　が、X軸より下にくる部分は、高さが（−）になってい
　　　ますので、（−）の面積が出てきます。したがって、計
　　　算結果に（−）をつける必要があるのです。

　そのため下記の手続き(a)(b)が必要となります。

(a) 区分に分ける。区間 $[0, 1]$ と区間 $[1, 2]$ に分けて考える。

(b) 微分積分法の基本公式を適用する。不定積分を求める。

　$\int f(x)\,dx = \int (x^2 - 3x + 2)\,dx$ を求めます。

　詳細は省きますが、積分演算では線形性が成り立ちます。

　　$K(x) = aF(x) \pm bG(x)$ （a, b は定数）

　　$\Rightarrow \quad \int K(x)\,dx = a\int F(x)\,dx \pm b\int G(x)\,dx$

　それは、積分が微分演算の逆演算であり、微分演算には線
形性があるからです（不定積分は定数だけの違いがあります
が、それも含めて考えればいいのです）。

こうして、

$$\int (x^2 - 3x + 2)dx = \int x^2 dx - \int 3x dx + \int 2dx$$

$$= \int x^2 dx - 3\int x dx + 2\int 1dx$$

一つ一つは単項式の積分ですから、単項式の微分を思い出せばいいのです。

$(x^n)' = nx^{n-1}$ なので、$x^{n-1} = \frac{(x^n)'}{n} = \left(\frac{x^n}{n}\right)'$ となるので、x^{n-1} の積分が $\frac{x^n}{n}$ ということです。積分記号を使って書くと、x^{n-1} の不定積分は次のようになります。

$$\int x^{n-1}dx = \frac{x^n}{n} + C$$

（Cは不定定数）（$n = 1, 2, 3, \cdots$）　①

このことから、

$$\int x^2 dx = \frac{x^3}{3} + C_1 \quad \int x dx = \frac{x^2}{2} + C_2$$

$$\int 1dx = x + C_3 \quad (C_1, C_2, C_3 は不定定数)　②$$

$$\int (x^2 - 3x + 2)dx$$

$$= \int x^2 dx - 3\int x dx + 2\int 1dx$$

$$= \left(\frac{x^3}{3} + C_1\right) - 3\left(\frac{x^2}{2} + C_2\right) + 2(x + C_3)$$

$$= \frac{x^3}{3} + C_1 - \left(\frac{3x^2}{2} + 3C_2\right) + 2x + 2C_3$$

$$= \frac{x^3}{3} - \frac{3x^2}{2} + 2x + (C_1 - 3C_2 + 2C_3)$$

$$= \frac{x^3}{3} - \frac{3x^2}{2} + 2x + D$$

ただし、$C_1 - 3C_2 + 2C_3 = D$ とする

こうして、$\int f(x)\,dx = \int (x^2 - 3x + 2)\,dx = \dfrac{x^3}{3} - \dfrac{3x^2}{2} + 2x + D$　③ となります。いまのようにバラして項目別に行う積分のことを項別積分といいます。

(c)(a)より、区間 $[0,\,1]$ と区間 $[1,\,2]$ とでそれぞれ面積を計算します。

$f(x)$ の不定積分を $F(x) = \dfrac{1}{3}x^3 - \dfrac{3}{2}x^2 + 2x + D$ とおきます（③より）。区間 $[0,\,1]$ 上の面積 $= A_1$、区間 $[1,\,2]$ 上の面積 $= A_2$ とします。このとき、微分積分法の基本公式から $A_1 = F(1) - F(0)$、$A_2 = -(F(2) - F(1))$ として求めればよいのです。

$$A_1 = \left(\frac{1}{3} - \frac{3}{2} + 2 + D\right) - (D) = \frac{1}{3} - \frac{3}{2} + 2 = \frac{5}{6}$$

$$A_2 = -\left\{\left(\frac{8}{3} - \frac{12}{2} + 4 + D\right) - \left(\frac{5}{6} + D\right)\right\} = \frac{1}{6}$$

色つきの面積 $= A_1 + A_2 = \dfrac{5}{6} + \dfrac{1}{6} = 1$

ここで、整理しておきましょう。面積を求める定積分の結果が正しい必要があります。そのために積分区間を分ける必要があります。区間 $[0,\,1]$ 上の変数 x の範囲では $f(x) \geqq 0$ です。また、区間 $[1,\,2]$ 上の変数 x の範囲では $f(x) \leqq 0$ です。

具体的な面積を求めるときに大切なことは、微分積分法の基本公式の適用が機械的にはできないということです。

次に別の面積問題を考えてみます。

$y = f(x) = x^2 - 3x + 2$ と、$y = g(x) = \dfrac{2}{3}x$ で囲まれた領域の面積を求めよ。

この関数のグラフは図25-2のようになります。

色のついた領域の面積を求める問題です。

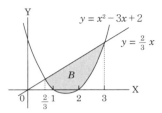

図 25-2

(a)二つのグラフの交点の x の値を求めます。それは積分の範囲を決めるためです。

方程式 $x^2 - 3x + 2 = \frac{2}{3}x$ を解きます。

$$x^2 - 3x + 2 = \frac{2}{3}x \quad \Leftrightarrow \quad 3x^2 - 11x + 6 = 0$$

$3x^2 - 11x + 6 = (3x - 2)(x - 3)$ なので、交点の x の値は $x = \frac{2}{3}$, $x = 3$

(b)当該の面積を求めるために、この部分が X 軸より上にくるように、二つのグラフを縦軸方向に上にずらします。そのずらす幅を H とします。

$y = f(x) = x^2 - 3x + 2$
　　$\Rightarrow \quad y = f(x) + H = x^2 - 3x + 2 + H$ 　(ア)

$y = g(x) = \frac{2}{3}x \quad \Rightarrow \quad y = g(x) + H = \frac{2}{3}x + H$ 　(イ)

このとき、ずらしてできる二つの関数の交点の x の値は変化しません（図 25-3 参照）。

$x = \frac{2}{3}$, $x = 3$ のままです。また、求める部分の面積も変化しません。これが重要なポイントです。

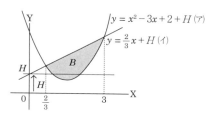

図 25-3

(c)当該の面積を求めるには、区間 $[\frac{2}{3}, 3]$ 上で(イ)と X 軸で囲まれた面積（＝ B_1）から区間 $[\frac{2}{3}, 3]$ 上で(ア)と X 軸で囲まれた面積（＝ B_2）を引けばよいことになります。

したがって、$B_1 = \int_{\frac{2}{3}}^{3} (g(x) + H)dx$,

$B_2 = \int_{\frac{2}{3}}^{3} (f(x) + H)dx$ となります。

求める面積を B とすれば、$B = B_1 - B_2$ です。

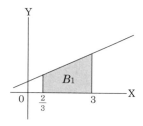
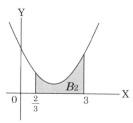

図 25-4

積分の線形性から次のようになります（定積分でもその性質が成り立ちます）。

$$B = B_1 - B_2$$

$$= \int_{\frac{2}{3}}^{3} \left(g\left(x \right) + H \right) dx - \int_{\frac{2}{3}}^{3} \left(f\left(x \right) + H \right) dx$$

$$= \int_{\frac{2}{3}}^{3} \left\{ \left(g\left(x \right) + H \right) - \left(f\left(x \right) + H \right) \right\} dx$$

$$= \int_{\frac{2}{3}}^{3} \left(g\left(x \right) - f(x) \right) dx \qquad \text{(ウ)}$$

この(ウ)式は、二つの曲線（関数）で囲まれた部分の面積を求めるには上側の関数から下側の関数を引いてできる関数の定積分を求めればよいということを意味しています。

こうして、

$$B = B_1 - B_2$$

$$= \int_{\frac{2}{3}}^{3} \left\{ \left(\frac{2}{3}x \right) - \left(x^2 - 3x + 2 \right) \right\} dx$$

$$= \int_{\frac{2}{3}}^{3} (-x^2 + 3\frac{2}{3}x - 2) dx$$

最後の定積分は項別の積分をすればよいのです。

$$= -\int_{\frac{2}{3}}^{3} x^2 dx + 3\frac{2}{3} \int_{\frac{2}{3}}^{3} x dx - 2\int_{\frac{2}{3}}^{3} 1 dx$$

$\int x^2 dx \quad \int x dx \quad \int 1 dx$ は②から次のとおりです。

$$\int x^2 dx = \frac{x^3}{3} + C_1, \int x dx = \frac{x^2}{2} + C_2,$$

$$\int 1 dx = x + C_3$$

こうして、

微分方程式

26 ｜ アンダーコントロール？

　1999年に東海村のJCOの臨界事故で尊い命がなくなりました。チェルノブイリ原発事故（1986）を他山の石とせず、わが国でも東京電力の福島原発の事故（2011）により、放射性物質が拡散し、いまだに故郷に帰れない人が大勢おられます。このたびの能登半島の震災に遭遇して、もし珠洲に原発が造られていたらと考えると背筋が寒くなります。それなのに、地震大国といわれるこの国で、原発を再稼働させようとしているのですから……。そもそも、事故の後始末もまだできていません。放射性廃棄物の処分の問題も解決していないのに、何事もなかったかのように再稼働させようというのですからまったく不思議な国です。

　ところで、放射性物質の崩壊速度は原子の数に比例します。

　原子の量が$x(t)$ならば、時間tとともに崩壊（原子が減少）する割合は、

　$\frac{dx(t)}{dt} = x'(t) = -ax(t)$で表されます（$a$は放射性物質に固有の定数）。つまり、時間で微分するとその時間における変化量を表すことができます。

　ただし、$\frac{dx(t)}{dt}$は時間tの関数$x(t)$の微分（1階の導関数）で、これまでの記号だと$x'(t)$のことです。

　このように、ある現象の量的な変化が量それ自身に関係し

ているような場合は、その変化を示す式を微分を含む方程式で書けます。これを**微分方程式**といいます。微分法のところでは、接線の傾きのことしか触れませんでしたが、時間に伴って変化する場合は崩壊速度のような変化率を示しているのです。もし、$x(t)$ が軌道であれば $x'(t)$ は瞬間の速さだということになります。その例は後半で述べます。

　放射性物質以外にもこのような現象は非常に多く存在します。いま述べた方程式を満たす関数は積分することで求まります。それは微分と積分とは逆の演算だからです。

　微分方程式では記号が大きな役割を演じますので、ここで少し微分法の記号の話をしておきましょう。

　関数 $y = f(x)$ の導関数では y', $f'(x)$ といった記号を使うのですが、微分方程式では $\frac{dy}{dx}$ という記号を使って記述するのが一般的です。記号的には y', $f'(x)$, $\frac{dy}{dx}$, $\frac{df}{dx}$ はすべて同じですが、$\frac{dy}{dx}$ はライプニッツの微分商といわれる表記です。

　歴史的にはいろいろな経緯がありますが、いまでは $\frac{dy}{dx} = f'(x)$ を分数のようにして $dy = f'(x)\,dx$ と考えても問題はありません。それゆえ、商という言い方をするわけです。

　ライプニッツは、dx を独立変数 x の微分（微小な変量、dx は一つの記号で x には従属しない）、dy（＝ 導関数と dx の積）をそれに対応する関数 $y = f(x)$ の微分と呼びました。それゆえ、$\frac{dy}{dx}$ を微分商といい、そのような扱いをしたのです。現在では $\frac{dy}{dx} = f'(x)$　⇔　$dy = f'(x)\,dx$ と考えていいことの決着がついています。

　各 x での導関数 $f'(x)$ を求めることは、各 x 点での接線の

傾きを求めることでもありました。そこで、いま各xの座標点(x, y)でこの点を原点とする座標（それをX, Yとする）を考えたとき、その接線の方程式は$Y = f'(x) X$となります。このときのX, Yをdx, dyと考えますと、$dy = f'(x) dx$となり、dx, dyを独立変数のように扱えることになります。

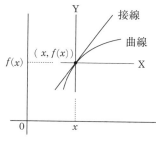

点$(x, f(x))$を原点とする
新しい座標軸X,Yを考えたとき,
$Y = f'(x) X$

図26-1

そこで放射性物質の崩壊の微分方程式に戻ります。

簡単にするために時間の変数tを省略して、$x(t)$をxと表記します。

$x' = \frac{dx}{dt} = -ax$、上に述べたことから$dx = x'dt = (-ax)dt$ということです。

ここで、先ほど述べた記号表記の良さが生きてきます。

$$dx = x'dt = (-ax)dt \quad \Rightarrow \quad \left(\frac{1}{x}\right)dx = (-a)dt$$

このとき、左辺は変数xに関する関数$\frac{1}{x}$、右辺は変数tに関する定数関数と考えれば、それぞれ個別に積分することが可能です。その詳しい理由は省略します。今度は積分する（それらを寄せ集める）ことで全体の変化の動きを知ること

ができます。

$$\Rightarrow \quad \int \left(\frac{1}{x}\right) dx = \int (-a) dt$$

$\int \left(\frac{1}{x}\right) dx = \log x + C_1 \quad (x > 0 、 C_1 は不定定数)$

$\int (-a) dt = -a \int 1 dt = -at + C_2 \quad (C_2 は不定定数)$

$\log x + C_1 = -at + C_2 \quad \Rightarrow \quad \log x = -at + (C_2 - C_1)$

$x(t) = e^{-at+C} = e^{-at} e^{C}$

　$(C_2 - C_1 = C とおく、 e^C = A とおく)$

こうして、$x(t) = Ae^{-at}$ となります。

$t = 0$ では $x(0) = A$ です。これは放射性物質の最初の状態で、これを初期値といいます。

放射性物質の原子の量 $x(t)$ は時間とともに減少することを示していますが、放射性物質の種類によっては、なかなか消えてなくならないのです。福島原発事故のセシウム137の半減期は30.08年ですが、原子力発電所の燃料のもととなるウラン238の半減期は45億年です。半減期は放射性物質の放射能が半分になる期間のことですが、崩壊するまでは放射線を出し続けているので、怖いものがあります。

その一方で、この放射性物質の半減期の長さは、絵画の贋作を見破る手段にも使えます。

フェルメールのファンの私としては、ファン・メーヘレンの贋作の話をご紹介しないわけにはいかないでしょう。

オランダの画商のファン・メーヘレンが、第二次世界大戦中に同国の画家ヨハネス・フェルメールの絵を敵国のナチス・ドイツの高官に売り渡したかどで警察に逮捕されました。しかし、メーヘレンは自分が描いた絵だと主張したのです。その中に「エマオのキリスト」という素晴らしい絵が含

まれていました。メーヘレンは一応画家でもあったのですが、この絵はフェルメールのタッチで描かれており、この絵がメーヘレンの絵であるはずはないというので調査団が設置されました。この調査の決め手になったのは、古い時代から油絵に使われていた顔料の鉛白に含まれている微量の放射性元素でした（詳細は、M. ブラウン著『微分方程式（上）その数学と応用』（シュプリンガー・フェアラーク東京 2001）を参照）。

　ところで、微分方程式といえばやはりニュートンを抜きには語れません。

「質点が力を受けながら運動しているとき、その運動はどのような法則にしたがっているのか」という問いへの答えが、ニュートンの運動方程式と呼ばれるものです。

　そこで、ボールを投げたときの軌道はどうなるかを考えてみます。これは軌道と速さの問題ですので、ここでの導関数は速さだということになります。

　これを平面上の運動として考えてみます。そこで、水平方向を X 軸、垂直方向を Y 軸とし、運動している質点の位置を $(x(t), y(t))$ とします。t は時間とします。

　このとき、ニュートンの運動方程式の第 2 法則とは「平面上を運動する質量 m の質点に力 $F = (F_1, F_2)$ が働くとき、質点の運動 $(x(t), y(t))$ は次の運動方程式にしたがう」というものです。ニュートンの運動方程式とはニュートンの運動法則を定式化したもので、「物体が何らかの力を受けて運動する場合、物体の質量と加速度の積はその物体の受ける力に等しい」という内容です。いま、力を F で質量を m で表せば、この運動法則は $F = m \times$ 加速度という式で表されま

す。これが運動方程式です。

　ここでいう「加速度」とは速度の変化率を示す概念です。いま速度を時間 t の関数として $v(t)$ で表すと加速度は $v'(t) = \frac{dv}{dt}$ です。一方、速度 $v(t)$ は運動する物体の距離 $x(t)$ の変化率なので $v(t) = \frac{dx}{dt}$ となり、$v'(t) = \frac{d}{dt}\left(\frac{dx}{dt}\right)$ となります。この右辺を記号的に $\frac{d}{dt}\left(\frac{dx}{dt}\right) = \frac{d^2x}{dt^2}$ と表記して、関数 $x(t)$ の2階の導関数と呼んでいます。

　こうして、運動方程式は $F = m \times$ 加速度 $= m \times \frac{d^2x}{dt^2}$ で表されますので次のようになります。

$$m\frac{d^2x}{dt^2} = F_1,\ m\frac{d^2y}{dt^2} = F_2 \quad ① \quad ここで$$

$$\frac{d^2x}{dt^2} = \frac{d}{dt}\left(\frac{dx}{dt}\right),\ \frac{d^2y}{dt^2} = \frac{d}{dt}\left(\frac{dy}{dt}\right)$$

$\frac{dx}{dt}$ は時間 t の関数 $x(t)$ の1階の導関数で、$x'(t) = \frac{dx}{dt}$ です。$\frac{d}{dt}\left(\frac{dx}{dt}\right)$ は関数 $x(t)$ の導関数 $x'(t)$ をさらに時間 t で微分した導関数のことで、2階の導関数と呼ばれるものです。以下では $x(t)$, $y(t)$ は t を省略して表記することにします。

　ボールが水平線に対して角度 α の方向に初速度 v_0 で投げられたとします。

　ボールの質量を m とし、ここでは空気の抵抗は無視して考えます。

　そうしますと、力としては下向きの重力 g だけが働きますので、$F_1 = 0$，$F_2 = -mg$ となります。こうして① は $m\frac{d^2x}{dt^2} = 0$ ，$m\frac{d^2y}{dt^2} = -mg$ となります。

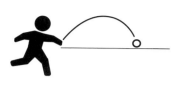 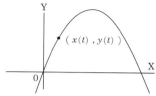

図26-2

　この式から、$\frac{d^2x}{dt^2} = 0$，$\frac{d^2y}{dt^2} = -g$ となります。

　時間 $t = 0$ のとき、ボールの位置は $(x = 0, y = 0)$ とします。座標系は、図26-2のように考えます。

　一方、速度 $(\frac{dx}{dt}, \frac{dy}{dt})$ は角度 α の方向に初速度 v_0 で投げましたので、次のようになります。時間 $t = 0$ のとき、$\frac{dx}{dt} = v_0 \cos\alpha$，$\frac{dy}{dt} = v_0 \sin\alpha$ となります。

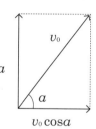

図26-3

　$\frac{d^2x}{dt^2} = 0$ を解きます。

　まず $\frac{d^2x}{dt^2} = 0$ ですので、$\frac{d^2x}{dt^2} = \frac{d}{dt}\left(\frac{dx}{dt}\right) = 0$ から $\frac{dx}{dt} = A$（定数）ということになります。

　そこで、$\frac{dx}{dt} = A$ から x を求めます。

　$\frac{dx}{dt} = A \Rightarrow dx = Adt$
　　　$\Rightarrow \int 1dx = \int Adt \Rightarrow x + C_1 = At + C_2$

（C_1, C_2：不定定数）

$\Rightarrow \quad x = At + C \quad$（$C = C_2 - C_1$：不定定数）

ところが、$t = 0$ のとき $x = 0$ なので、$C = 0$ となります。したがって $x = At$ となります。ところが、$t = 0$ のとき $\frac{dx}{dt} = v_0 \cos \alpha$ ですので、$A = v_0 \cos \alpha$ となり、$x = At = (v_0 \cos \alpha)t$ となります。

ここでは微分記号の良さを使って解いてますが、$\frac{dx}{dt} = A$ から微分して A となる x を求めること（微分と積分は逆である）なので、$x = \int A dt = At + C$ としてもよいのです。以下でも同じように考えて解くこともできます。

次に、$\frac{d^2y}{dt^2} = -g$ を解きます。

$\frac{d^2y}{dt^2} = \frac{d}{dt}\left(\frac{dy}{dt}\right) = -g \quad \Rightarrow \quad \frac{dy}{dt} = h(t)$ とします。このとき、$\frac{d}{dt}\left(\frac{dy}{dt}\right) = h'(t) = -g$ です。

最後の式は、微分して $-g$ になる関数を求めることなので、先ほどと同じです。こうして、

$h(t) = (-g)t + D \quad$（D：不定定数）

ここで、$t = 0$ のとき $h(0) = \frac{dy}{dt} = v_0 \sin \alpha$ なので、$D = v_0 \sin \alpha$ となります。

$$h(t) = \frac{dy}{dt} = (-g)t + v_0 \sin \alpha$$

$$\Rightarrow \quad dy = ((-g)t + v_0 \sin \alpha)dt$$

$$\int 1 dy = \int \{(-g)t + v_0 \sin \alpha\} dt$$

$$y + K_1 = \int \{(-g)t + v_0 \sin \alpha\} dt$$

$$= - \int g dt + (v_0 \sin \alpha) \int 1 dt$$

$$= \frac{-1}{2} g t^2 + K_2 + (v_0 \sin \alpha) t + K_3$$

（K_1, K_2, K_3：不定定数）

$y = \frac{-1}{2} g t^2 + (v_0 \sin \alpha) t + K$　　　（$K = K_2 + K_3 - K_1$）

$t = 0$ のとき $y = 0$ なので、$K = 0$ となります。

こうして、$y = \frac{-1}{2} g t^2 + (v_0 \sin \alpha) t$ となります。

$x = At = (v_0 \cos \alpha) t$ から、$t = {}^x\!/_{(v_0 \cos \alpha)}$ を上式に代入すると、

$$y = \frac{-1}{2} (g/(v_0 \cos \alpha)^2) x^2 + ({}^{\sin \alpha}\!/_{\cos \alpha}) x \qquad ②$$

$\frac{g}{(v_0 \cos \alpha)^2} = a$、$\frac{\sin \alpha}{\cos \alpha} = b$ とすると、この関数②は次のように書けます。

$$y = \frac{-1}{2} a x^2 + b x$$

これは放物線の方程式です。

こうして、ボールの軌道は放物線を描くことがわかるのです。

もちろん、いまは空気抵抗を無視していますので、実際のボールの運動は放物線とは少しずれているわけですが。たとえば、弾丸は実際には空気抵抗があり、放物線のようには遠くにいかず、放物線の山を過ぎると落下が早まります。

いま、ここで重要なことは、理想的な状態（空気抵抗なし）では、初期条件が決まればボールの軌道は完全に決まってしまうということです。こうして、実際の運動の数学的モデルを考えて、そこから物体の実際の運動を推測し解析する

ことができてしまいます。これがニュートンの偉大な発見なのです。

　放射性物質の崩壊は1階の微分（微分が1回）で表されていますので、1階の微分方程式といいます。一方、運動方程式は2階の微分（微分が2回）ですので、2階の微分方程式と呼ばれます。その他に、高階の微分を使ったものもありますし、連立させたものもあります。もちろん、微分方程式を解くために積分法が必要なわけですが、簡単に解けるというわけではありません。

　ここに出てきたのは、変数分離形（放射線の例）や線形（運動方程式の例）といった微分方程式で、すでに解法がよくわかっているものなのです。

　瞬間を知って全体像を知るという手法が微分方程式ですので、これがなければ科学の進展はなかったでしょう。その意味で、微積分学というのは17世紀以降の科学を支える偉大な発見であったわけです。

第 **4** 部

数学にまつわる
さらなる話題
現代数学の位相

かなり専門的な用語も登場します。内容が難しいと思われる
方もおられるかもしれませんが、概念をつかんでいただけれ
ばと思います。「確率と大数の法則」では、統計的確率（実
験的確率）と公理論的確率（理論的確率）の違いについて、
「暗号と数論」では整数の素因数分解とオイラーの定理につ
いて解説し、そして「フェルマーの最終定理と ABC 予想」
では、ピタゴラスの定理から、難解な代数幾何学の楕円曲線
論へと到ります。

27 | 確率と大数の法則
賭け事に始まって数学となる

　最初に確率の概念を考えた人は、第15節でも登場したイタリアのカルダノのようです。『サイコロ遊びの書』という著書があります。もともと医者ですが、占星術師や賭博師でもありました。パスカルの三角形でよく知られているフランスの哲学者パスカルも賭け事の数学化に悩まされた一人のようです。

　確率とは、偶然を含む現象において、ある現象が起きる割合のことです。

　サイコロを振って5の目が出るというのは偶然の現象です。その確率が$\frac{1}{6}$というのは、1, 2, 3, 4, 5, 6のどの目の出る割合も同じという前提のもとで、1, 2, 3, 4, 5, 6の6通りの可能性がある中で5の目が出る割合はその中の1回なので$\frac{1}{6}$だということです。このような確率を理論的確率といいます。実際に、60回サイコロを振ったからといって、5の目が$\frac{1}{6}$ピッタリに10回出るわけではありません。あくまで、どの目の出る割合も同じであれば、理論的には6回に1回は5の目が出るはずだということです。もっといえば、数千回投げれば5の目の出る割合はほぼ$\frac{1}{6}$に近くなることが確かめられます。これを実験的確率といいます。正常に作られたサイコロ（どの目も等しく出るように作られた、といっても何のことかわかりませんが……）の場合は、実験的確率と理論的

確率では大きな違いはないということで、$\frac{1}{6}$ だというわけです。したがって、実際上は、データをたくさん集めて、必要な事柄の傾向を求めて判断するということをしています。その判断の方法の一つが統計学的な確率です。

そこで、偶然に起きる事象（事柄）を数量的に捉えて処理するための数学が考えられてきました。それが**確率（論）**と呼ばれるものなのです。

フランスの数学者ピエール＝シモン・ラプラス（1749-1827）という人が確率を次のように定義しました。

ある事象の起きる確率とは、起こりうるすべての場合の数 n に対するその事象が起きうる場合の数を r としたときの割合 $\frac{r}{n}$ であるとしたのです。このとき、この事象の起きる確率 P は $P = \frac{r}{n}$ であるといいます（P は確率＝ Probability の頭文字です）。

確率を考えることのできる事象を確率事象といいます。

このようなことを扱うために、確率空間というものを考えます（空間というと幾何学的なことを想像しますが、その事柄を展開する場とでも考えればよいでしょう）。

硬貨を投げる場合を考えましょう。投げれば表か裏かのいずれかが必ず出ます（立つことはないとします）。

表が出る場合を H として裏が出る場合を T とします。

このとき、H と T の集合を考え、それを $\Omega = \{H, T\}$ と書いて Ω を標本空間と呼んでいます。Ω の要素の H や T のことを標本または根元事象といいます。

これが確率を議論するときの基本的な枠組みです。このとき、Ω のすべての部分集合（すべての組み合わせ）を考えます。空集合 ϕ も考えます。ϕ は「何もない」事象です。

ϕ, {H}, {T}, {H, T} です。{H, T} は Ω のことですが、自分自身も部分集合として考えるということです。

この集まり {ϕ, {H}, {T}, {H, T}} が、考えられるすべての事象です。{H, T} は表か裏のどちらかの出る事象です。

そこで、根元事象に対して、ラプラスの定義により確率を与えます。硬貨投げをしたときのすべての事象は Ω の要素の数なので2です。{H} は硬貨を投げて表の出る事象でした。そこで {H} の出る確率のことを $P(\{H\})$ と表記します。表が出るか裏が出るかのどちらかのうちの一つですので、この事象の確率は $P(\{H\}) = \frac{1}{2}$ ということです。同じように $P(\{T\}) = \frac{1}{2}$ となります。

ϕ は何もないので、$P(\phi) = 0$ と約束します。また、$\Omega = \{H, T\}$ ですので、H が出ても T が出ても Ω に属していますので、Ω に属する事象は必ず起きます。つまり、その確率は $P(\Omega) = 1$ ということです。

このとき、根元事象の確率と標本空間の確率との関係は
$$P(\{H\}) + P(\{T\}) = \frac{1}{2} + \frac{1}{2} = 1 = P(\Omega)$$
となります。

次に、J, Q, K の3枚のトランプカードから1枚を取る場合を考えてみます。$\Omega = \{J, Q, K\}$ です。どのカードを取るかは公平なので、その確率はラプラスの定義から $P(\{J\}) = P(\{Q\}) = P(\{K\}) = \frac{1}{3}$ となります。

このとき、Ω のすべての部分集合、そして空集合 ϕ も考えます。

{ϕ, {J}, {Q}, {K}, {J, Q}, {J, K}, {Q, K}, {J, Q, K}}

このとき、{J, Q} = {J} ∪ {Q}, {J, K} = {J} ∪ {K},
{Q, K} = {Q} ∪ {K}

∪は和集合の記号です。二つの集合の要素を合わせた集合ということです。部分集合 $\{J, Q\}$ の表す事象は、J または Q のカードを取るという意味です。

したがって、3枚のカードから J を取るか Q を取るかの二通りの可能性があり、ラプラスの定義より、$P(\{J, Q\}) = \frac{2}{3}$ となります。

一方、$P(\{J\}) = P(\{Q\}) = \frac{1}{3}$ より、$P(\{J, Q\}) = \frac{2}{3}$ $= \frac{1}{3} + \frac{1}{3} = P(\{J\}) + P(\{Q\})$ となります。

同様に、$P(\{J, K\}) = P(\{J\}) + P(\{K\}) = \frac{2}{3}$, $P(\{Q, K\}) = P(\{Q\}) + P(\{K\}) = \frac{2}{3}$

$$P(\Omega) = P(\{J, Q, K\})$$
$$= P(\{J\}) + P(\{Q\}) + P(\{K\})$$
$$= \frac{1}{3} + \frac{1}{3} + \frac{1}{3} = 1$$

このように、根元事象以外の事象の確率は、根元事象の確率から計算できることを示しています。

以上のことから、標本空間から考えられるさまざまな事象は、標本空間の部分集合の集まりであり、その確率は根元事象の確率から計算が可能だということになるのです。

これが理論的な確率の意味づけです。

これは下記のような公理的な考えに基づくものなのです。

Ω という根元事象の集合（いまは有限個とします）を考えます。これを標本空間といいました。

Ω の任意の部分集合 A に対して、一つの実数 $P(A)$ が定まり、次の条件を満たします。

(1) $0 \leqq P(A) \leqq 1$

(2) $A \cap B = \phi$ （共通の要素がない）ならば $P(A \cup B)$

$$= P(A) + P(B)$$

(3) $P(\{\Omega\}) = 1$, $P(\phi) = 0$

このとき $P(A)$ を A の確率、A を確率事象といい、Ω を確率空間というのです。

これはソ連の数学者コルモゴロフ（1903-1987）によって公理化されたもので、経験の科学であった確率が公理論的に構成した現代確率論へと発展しました。こうして確率論は幅広い応用を持つようになりました。

ところで、確率論の考えは、集合論における集合演算と非常に深い関係を持っています。集合演算には、和（∪）や積（∩）などの他に差集合や補集合などがあります。

全体集合を X とします。X はある要素の集まりのことです。

X の任意の部分集合 A, B, C に対して、

$A \cup B$：A または B に属する要素の集まり

$A \cap B$：A にも B にも属する要素の集まり

$A - B$：A に属して B に属さない要素の集まり（差集合）

$A^c = X - A$：A 以外の要素の集まり（補集合）

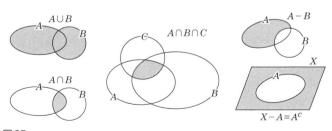

図27

このとき、次のような集合演算が成り立ちます。図27を

参考に考えてみてください。

$$A \cup (B \cup C) = (A \cup B) \cup C = A \cup B \cup C$$
$$A \cap (B \cap C) = (A \cap B) \cap C = A \cap B \cap C$$
$$A \cap (B \cup C) = (A \cap B) \cup (A \cap C)$$
$$A \cup (B \cap C) = (A \cup B) \cap (A \cup C)$$
$$(A^c)^c = A \quad A - B = A \cap B^c$$
$$(A \cap B)^c = A^c \cup B^c, (A \cup B)^c = A^c \cap B^c$$

集合の要素の演算規則（要素は有限個とする）

$n(A)$：集合 A の要素の個数

$$n(A \cup B) = n(A) + n(B) - n(A \cap B) \quad (*)$$

そこで、集合演算と深いかかわりを示す次のような問題を考えてみましょう（R. クーラント＆H. ロビンズ著『数学とは何か　考え方と方法への初等的接近』 岩波書店　1966 pp.124-125）。

3個の数字1, 2, 3を、それぞれ1度だけ使った3桁の数字を書き下すという実験をします。

「この3桁の数字で少なくとも1個の数字が桁数と一致した場所にくる確率はどれくらいか」

このとき1, 2, 3を使った3桁の数字は Ω のようになります。

$\Omega = \{123, 132, 213, 231, 312, 321\}$

そこで、$A = \{231, 321\}$, $B = \{123, 321\}$, $C = \{312, 321\}$ とします。

A は1が1桁目にある数字、B は2が2桁目にある数字、C は3が3桁目にある数字ということです。

したがって、求めたいのは $A \cup B \cup C$ の確率 $P(A \cup B \cup C)$ です。

そこで、まず事象 A の確率を求めてみます。ラプラスの

定義より

$$P(A) = \frac{n(A)}{n(\Omega)} = \frac{2}{6} = \frac{1}{3} \ , \ P(B) = \frac{n(B)}{n(\Omega)} = \frac{2}{6} = \frac{1}{3} \ ,$$

$$P(C) = \frac{n(C)}{n(\Omega)} = \frac{2}{6} = \frac{1}{3}$$

$A \cup B \cup C = A \cup (B \cup C)$ なので、確率 $P(A \cup B \cup C) = P(A \cup (B \cup C))$は、（＊）から次のようになります。

$$\begin{aligned}
P(A \cup B \cup C) &= P(A \cup (B \cup C)) \\
&= \frac{n(A \cup (B \cup C))}{n(\Omega)} \\
&= \frac{n(A) + n(B \cup C) - n(A \cap (B \cup C))}{n(\Omega)}
\end{aligned}$$

$n(A) + n(B \cup C) - n(A \cap (B \cup C))$
$= n(A) + n(B) + n(C) - n(B \cap C) - n(A \cap (B \cup C))$
$A \cap (B \cup C) = (A \cap B) \cup (A \cap C)$ なので、

$$\begin{aligned}
n(A \cap (B \cup C)) &= n((A \cap B) \cup (A \cap C)) \\
&= n(A \cap B) + n(A \cap C) - n(A \cap B \cap C)
\end{aligned}$$

結局、

$n(A \cup B \cup C) = n(A) + n(B) + n(C) - n(B \cap C) - n(A \cap B) - n(A \cap C) + n(A \cap B \cap C)$

ここで、

$$\begin{aligned}
P(A \cup B \cup C) &= \frac{n(A \cup B \cup C)}{n(\Omega)} \\
&= \frac{n(A) + n(B) + n(C) - n(B \cap C) - n(A \cap B) - n(A \cap C) + n(A \cap B \cap C)}{n(\Omega)} \\
&= \frac{n(A)}{n(\Omega)} + \frac{n(B)}{n(\Omega)} + \frac{n(C)}{n(\Omega)} - \frac{n(B \cap C)}{n(\Omega)} - \frac{n(A \cap B)}{n(\Omega)} - \frac{n(A \cap C)}{n(\Omega)} + \frac{n(A \cap B \cap C)}{n(\Omega)}
\end{aligned}$$

$B \cap C = A \cap C = A \cap B = \{321\}$,
$A \cap B \cap C = \{321\}$ なので、

$$n\,(B \cap C) = n\,(A \cap C) = n\,(A \cap B) = 1,$$
$$n\,(A \cap B \cap C) = 1$$
$$P\,(A \cup B \cup C) = \tfrac{1}{3} + \tfrac{1}{3} + \tfrac{1}{3} - \tfrac{1}{6} - \tfrac{1}{6} - \tfrac{1}{6} + \tfrac{1}{6} = \tfrac{2}{3}$$

この3桁の数字で少なくとも1個の数字が桁数と一致した場所にくる確率は $\tfrac{2}{3}$ ということになります。

この例でわかるように、標本空間が有限の場合は、確率で出てくる場合の数というのは集合の要素数の計算になってしまうということです。したがって、それは集合演算と切り離せません。もちろん、それぞれの場合の数は計算できますので、その時点で数値に置き換えてもいいのです。ただ、$n\,(A \cup B \cup C)$ の一般的な公式が必要なので、最後に数値を代入したわけです。集合の要素数を計算するのに、このような公式が必要になります。

ところで、この課題の続きですが、文字数がいくつになってもその確率が大幅に変動することはありません。実際、1, 2, 3, 4, … n 個の数字をそれぞれ1度だけ使って n 桁の数字を作ったときに、少なくとも1個の数字が桁数の一致した場所にくる確率を P_n とすると、次のようになります。

$$P_n = 1 - \tfrac{1}{2!} + \tfrac{1}{3!} - \tfrac{1}{4!} + \tfrac{1}{5!} - \cdots + (-1)^{n-1}\tfrac{1}{n!}$$

n が限りなく大きくなると次のようになります。

$$P_n \to (n \to \infty) \to 1 - \tfrac{1}{e} = 0.63212 \cdots$$

なぜなら、e^x の級数展開（第21節を参照）を考えますと
$$e^x = 1 + \tfrac{x}{1!} + \tfrac{x^2}{2!} + \tfrac{x^3}{3!} + \tfrac{x^4}{4!} + \tfrac{x^5}{5!} + \cdots + \tfrac{x^n}{n!} + \cdots$$ です。
$x = -1$ とすると
$$e^{-1} = 1 - 1 + \tfrac{1}{2!} - \tfrac{1}{3!} + \tfrac{1}{4!} - \tfrac{1}{5!} + \cdots + (-1)^n \tfrac{1}{n!} + \cdots$$
$$= \left(1 - 1 + \tfrac{1}{2!} - \tfrac{1}{3!} + \tfrac{1}{4!} - \tfrac{1}{5!} + \cdots + (-1)^n \tfrac{1}{n!}\right)$$
$$+ \ （残りを R_n とおく）$$

$$= \tfrac{1}{2!} - \tfrac{1}{3!} + \tfrac{1}{4!} - \tfrac{1}{5!} + \cdots + (-1)^n \tfrac{1}{n!} + R_n$$

このとき、証明はしませんが、$R_n \to 0 \ (n \to \infty)$ となります。

こうして、

$$P_n = 1 - \tfrac{1}{2!} + \tfrac{1}{3!} - \tfrac{1}{4!} + \tfrac{1}{5!} - \cdots + (-1)^{n-1} \tfrac{1}{n!}$$
$$= 1 - \left(\tfrac{1}{2!} - \tfrac{1}{3!} + \tfrac{1}{4!} - \tfrac{1}{5!} + \cdots + (-1)^n \tfrac{1}{n!} \right)$$
$$= 1 - \left(e^{-1} - R_n \right) = 1 - e^{-1} + R_n$$

$$P_n = (1 - e^{-1}) + R_n$$
$$\to (n \to \infty) \to 1 - e^{-1} = 1 - \tfrac{1}{e}$$

ところで、$e = 2.718281828\cdots$ なので $1 - \tfrac{1}{e} = 0.63212\cdots$ となります。

$P_3 = \tfrac{2}{3} = 0.666\cdots$ でした。n が大きくなってもその確率 P_n の変動は小さいことがわかります。つまり、n 桁の数字を作ったときに、少なくとも1個の数字が桁数の一致した場所にくる確率はほぼ一定しているということですね。

驚くのは、こんなところにもネイピア数 e（第22節）が登場するということです。つまり、ランダムな現象のある事象が出現する割合の変動が小さいということは、そこには何らかの数学的定数（ここでは e）が絡んでいる可能性があるということですね。

数学というのは地下水脈で繋がっているということでしょうか。本当に不思議です。

ところで、ある事象が起きる確率が p ならば、その事柄の出現率は、そのことをやり続ければ p に限りなく近づくというのが**大数の法則**といわれるものです。公理的に設定された理論的確率と、実験や観測で得られる実験的確率が大きくは

違わないということを意味しています。したがって、確率が
$\frac{1}{2}$ならば"勝った負けたと騒ぐじゃないよ、ずーっとやり続
ければ勝ち負けもなくなるということだから"。まあ、でも
賭け事はやめておきましょう……。

　一見、偶然に見える現象でも、数多く観察すればその現象
がある規則性を持って起きていることがわかります。保険会
社がいままでの事故率（＝年間事故数／契約者数）をこれか
ら起きる事故率とみなして、掛け金を設定するのも大数の法
則があるからです。もっとも、法則どおりにいかないのも世
の常ではありますが……。

　確率論の発達はサイコロ遊びや賭けなどから始まったので
すが、後世には立派な数学の一分野として発展し、いまでは
私たちの生活に欠かせないものです。数学の分野だけでなく
科学や社会学、経済学などの分野においても、個々の現象を
収集し、その収集したデータを分析し、その特性を明らかに
して活用するのが統計学なわけですが、その分析や特性に関
しては確率論がどうしても必要になります。信頼性という点
で確率論的な裏付けが必要不可欠だからです。

28 | 暗号と数論
新しい時代に必要な守護神

　数学の応用では、直接的なものと間接的なものがあります。

　高度情報化時代になって、さまざまな情報がデジタル化されています。そして、経済活動がグローバル化し、デジタル通信が普遍化する中で多くの詐欺的な事件やハッカーなどによる事件が格段に増えてきています。そのような時代背景もあり、**暗号**による通信の保護が重要な課題になってきています。

　数学の社会への応用というと応用数学や微積分などの解析系のことが思い浮かぶのですが、暗号に関しては数論などの代数的な数学が使われています。これまでに想像すらしなかったデジタル化社会ならではの数学の応用です。いままで純粋数学の研究の多くは、社会とは直接的には縁が薄かったのですが、いまやそれは過去の話になりました。

　デジタル化の時代、数学の持つ抽象性こそが大きな役割を担うことになったといえるようです。むしろ、これからはそのような数学が求められる時代なのだということでしょう。

　ここではその一つとして、オイラーの定理が活躍するRSA暗号について紹介しましょう。いまではもっと進んだ暗号の理論がありますが、その仕組みを知るためのわかりやすい例です。

　RSAとは、この方式を発案した3人の科学者であるリベスト（Rivest）、シャミア（Shamir）、エーデルマン（Adleman）の頭文字です。

　この方式は公開鍵暗号方式と呼ばれるものです。送りたい文章をあらかじめ送り手が暗号化して送ります。受け取り側はそれを公開鍵と秘密鍵を用いて解読をするというものです。公開鍵は受け取り側から送り手側に公開されるものですが、公開されていても公開鍵から秘密鍵が簡単には計算できないような数学的仕組みになっているということです。

　まず、簡単な例でその概略を説明します。

　送り手側を甲として、受け取り側を乙とします。

　送りたい文章：I AM ANN

⑴この文章を暗号化します。

　その手順は次のとおりです。

①アルファベット26文字に次のように番号をつけます。

　　この番号のつけ方はあくまで一つの例です。これは文字符号化といわれ、実際には統一的な別の方法で行われます。

　　A (01) B (02) C (03) D (04) E (05) F (06) G (07)

　　H (08) I (09) J (10) K (11) L (12) M (13) N (14)

　　O (15) P (16) Q (17) R (18) S (19) T (20) U (21)

　　V (22) W (23) X (24) Y (25) Z (26)

②上の文章を数字化します。ただし、単語と単語の間は00とします。

　　I AM ANN → 〈数字化〉 → 0900011300011414

③次に、この数字文を暗号化します。

そのために、乙は甲に5（乗）と85という数字を伝えて
おきます。これが公開鍵です。

甲は、次の要領で②をさらに数字化します。それが暗号
文になります。

㈠単語と単語の間の00はそのままです。

㈡09 → 〈5乗〉→ 59049　⇒〈85で割って、余りを求
める〉⇒　59

01 → 〈5乗〉→ 1　⇒〈85より小さいので85で割っ
た余りが1となるような最小数とします〉⇒　86

13 → 〈5乗〉→ 371293　⇒〈85で割って、余りを求
める〉⇒　13

14 → 〈5乗〉→ 537824　⇒〈85で割って、余りを求
める〉⇒　29

0900011300011414 →〈暗号化〉
→ 5900861300862929

④甲は㈡の暗号化された最後の文章を乙へ送ります。

以上が、暗号文を作るまでの過程です。

⑵これを受け取った乙は、この数字から元の文章を復元し
ます。

乙は公開鍵85の理由を知っています。これは二つの素
数5と17の積なのです。

5×17＝85です（この5は5乗とは関係ありません）。

ここから、元の②の文章に戻すのです。

㈢二つの素数5と17から、(5−1)×(17−1)＋1＝64
＋1＝65を求めます。

㈣65を5（乗）の5で割ります。65÷5＝13です。こ

の 13 がキー（秘密鍵）になります。

㈩暗号文の数字 59 を 13 乗して、85 で割った余りを求めます。そうしますと暗号化する前の数字 9 が求まります。つまり、09 ということです。

甲も乙も数字化するアルファベットの数字は共通ですので、09 は I となります。他の暗号文の数字も 13 乗して、85 で割った余りを求めれば文章が復元されます（手計算ではとても無理ですが、コンピューターの時代だからこそ可能な技術です）。

以上が RSA 暗号の具体的な例です。

続いてその背景にある数学的原理について説明します。

⑶まず、公開鍵 5 と 85 について説明しましょう。

5 は 5 乗ですので、$(09)^5 = 59049$ です。

09 → 〈5 乗〉→ 59049 ⇒ 〈85 で割って、余りを求める〉⇒ 59

これを 85 で割って余りが 59 を考えるというのは、整数における合同（≡）という概念です（初等幾何学で合同という概念がありますが、それとは違います）。

これを $(09)^5 \equiv 59(85)$ または $59049 \equiv 59 (85)$ と書き、$(09)^5 (= 59049)$ は 85 を法として 59 と合同といいます。以下、説明を続けましょう。

整数全体に対して、85 で割って割り切れる数と余りの出る数を考えます。いま、数 a が 85 で割り切れるときは $a \equiv 0 (85)$ と書き、85 と 0 は 85 を法として合同であるといいます。一般に、$a = 85k$（k は任意の整数）は 85 を法としてすべて 0 と合同です。つまり、$85k \equiv 0 (85)$ です。

数 a を85で割って1余るときは $a \equiv 1\,(85)$ と書きます。したがって、$a = 85k + 1$(k は任意の整数)は85を法としてすべて1と合同です。$85k + 1 \equiv 1\,(85)$ です。同様に、数 a を85で割って2余るときは $a \equiv 2\,(85)$ と書き、$a = 85k + 2$(k は任意の整数)は85を法としてすべて2と合同です。$85k + 2 \equiv 2\,(85)$ です。

一般に、二つの整数 a, b に対して、$|a - b|$ が85で割り切れるとき、二つの整数 a, b は85を法として合同といいます。$a \equiv b\,(85)$ になります。

(4)この暗号文を解読するところにいきます。

　(カ)最初の文字 I (09) を例にとります。

　　$09 \rightarrow \langle 5乗 \rangle \rightarrow (09)^5 \equiv 59\,(85)$　⇒（解読）⇒　$59 \rightarrow \langle 13乗 \rangle \rightarrow (59)^{13} \equiv 09\,(85)$

　　つまり、乙は受け取った数字59を13乗して85で割り算してその余りを求めると9になるというわけです。09はIなので復元できたというわけです。

　　それでは、いったいその最初の5乗や85（公開鍵）、復元する13乗（秘密鍵）はどこから出てくるのかということです。

　(キ)そのことをこれから説明します。

　　実は、整数論に関する次の有名な定理がもとになっています。

　　〈オイラーの定理〉

　　　a と n が互いに素であれば、$a^{\emptyset(n)} \equiv 1(n)$

　　　ただし、$\emptyset(n)$ は n と互いに素な1以上で n 未満の数の個数

たとえば、$\emptyset(5)$ であれば、1, 2, 3, 4 が5とは互いに素な数ですので、$\emptyset(5) = 4$

$\emptyset(6)$ であれば、1, 5 が6とは互いに素な数ので、$\emptyset(6) = 2$ です。

もし a が素数であれば、$\emptyset(a) = a - 1$ です。それは、素数は1以外に約数を持たないからです。また、a, b がともに素数であれば、$\emptyset(ab) = (a-1)(b-1)$ となります。

暗号を解読するには、

$$09 \rightarrow \langle 5乗 \rangle \rightarrow (09)^5 \equiv 59 \ (85)$$

この逆をたどらなければなりません。09は9のことなので、以後9と書くこともあります。そこで、$((09)^5)^m \equiv (9)^{5m} \equiv 59^m \equiv 09 \cdots\cdots ①$ とできるような m を見つければよいわけです。

このとき、9と85は互いに素なので、オイラーの定理より

$9^{\emptyset(85)} \equiv 1 \ (85)$ が成立しますので、両辺に9を掛けると

$9^{\emptyset(85)+1} \equiv 9 \ (85)$

また、$85 = 5 \times 17$ なので、$\emptyset(85) = (5-1) \times (17-1) = 64$ ですので、

$$9^{64+1} = 9^{65} \equiv 9 \ (85) \cdots\cdots ②$$

①と②より、$5m = 65$ なので $m = 13$ となります。

したがって、59を受け取った側乙は、①にあるように59を13乗して85で割り算をした余りが9となります。つまり、$59^m \equiv 09 \ (85)$ ということです。

これが、13乗する理由だったわけです。

最初の5乗も85もこのオイラーの定理と関係して
　います。
　　　以下にそのことを説明します。
⑸RSA暗号の作り方
　㈎二つの素数を選ぶ。pとqとする
　㈏$n = p \times q$とする　（公開鍵の一つとなる）
　㈐$\emptyset(n) = \emptyset(p \times q) = (p-1)(q-1)$
　　　$\emptyset(n) + 1 = r \times m$となる$r$と$m$を選ぶ。ただし$r$は
　　奇数を選ぶこととする（＊）
　　　（$r \times m \equiv 1(\emptyset(n))$となる$r$と$m$としてもよい。ただ
　　しrは奇数を選ぶ）
　㈑ここで、nとrを公開鍵とし、mを秘密鍵とする
　　　ちなみに、先ほどの例では、
　　　$n = 85 (= 5 \times 17), r = 5, m = 13$となります。

　これらがRSA暗号の骨子です。
　ここで重要なのは、素数pとqを大きな数にすることで
す。それは、たとえ公開鍵のnとrが外部に漏れた場合で
も、nを構成している素数pとqを簡単に見破られないため
です。そして、秘密鍵mを見つけられるのを防ぐためです
（nとrが漏れると（＊）を使って計算できてしまいます）。
　コンピューターの時代になっても素数は簡単には見つけら
れないことと、たとえいま知られている素数をしらみつぶし
に試してみても時間がかかりますので、その間に暗号の処理
を済ませてしまえば安全だというわけです。このように、こ
の暗号のキモは、公開鍵が漏れたとしても、秘密鍵mを見
つけるのに時間がかかるという点です。したがって、この暗

号の安全度は時間稼ぎという点にあるわけです。

　これ以外にも数学を使った暗号としては、第29節にも出てくる楕円曲線を利用した楕円曲線暗号というのがあります。こちらの方が、安全性が一段高いといわれています。

　最後に合同式の性質とオイラーの定理とその証明の概略を説明します。

　すでに述べたように、自然数 n を考えて整数全体に次のような関係を導入します。二つの整数 a, b に対して、$|a - b|$ が自然数 n で割り切れるとき、二つの整数 a, b は n を法として合同といいます。$a \equiv b\,(n)$ と書きます。これを合同式といいます。

(1) $a \equiv b\,(n)$　$c \equiv d\,(n)$　$\Rightarrow$　$a \pm c \equiv b \pm d\,(n)$,

　　$ac \equiv bd\,(n)$

(2) $a \equiv b\,(n)$　$\Rightarrow$　$ak \equiv bk\,(n)$　$k(\neq 0)$ は任意の整数

(3) $ak \equiv bk\,(n)$ で k と n が互いに素　$\Rightarrow$　$a \equiv b\,(n)$

　ここでオイラーの定理を $a = 7$ と $n = 9$ で説明してみましょう。

　9と互いに素である9未満の数は、1, 2, 4, 5, 7, 8 なので、$\emptyset(9) = 6$ です。

　$a^{\emptyset(n)} = 7^6 = 117649 = 13072 \times 9 + 1$ となりますので、7^6 を9で割った余りは1です。こうして、$7^6 \equiv 1\,(9)$ となります。これがオイラーの定理です。

　そこで、その証明の概略を $a = 7$ と $n = 9$ で説明してみます。

　$\emptyset(9) = 6$ の内実は $\{1, 2, 4, 5, 7, 8\}$ です。

　一方、ある数を9で割った余りを考えますと、$\{1, 2, 3, 4,$

$5, 6, 7, 8\}$ の 8 個です。

$\{1, 2, 4, 5, 7, 8\}$ は、余りの $\{1, 2, 3, 4, 5, 6, 7, 8\}$ の中で、9 とは素な数の集合です。

そこで、L $= \{1, 2, 4, 5, 7, 8\}$ を 7 倍しますと K $= \{7, 14,$ $28, 35, 49, 56\}$ となります。

L の 6 個の数はすべて 9 とは互いに素でした。7 と 9 は互いに素ですので、L の数が 7 倍された K の 6 個の数もすべて 9 とは互いに素です。当然、K の 6 個の数はすべて異なります。

K $= \{7, 14, 28, 35, 49, 56\}$ について、9 で割った余りを考えますと

$7 = 0 \times 9 + 7, 14 = 9 + 5, 28 = 3 \times 9 + 1, 35 = 3 \times 9 + 8,$ $49 = 5 \times 9 + 4, 56 = 6 \times 9 + 2$

9 で割った余りを考えますと、その余りは L $= \{1, 2, 4, 5,$ $7, 8\}$ と同じになっています。

つまり、$1 \equiv 28 \ (9), 2 \equiv 56 \ (9), 4 \equiv 49 \ (9), 5 \equiv 14 \ (9), 7$ $\equiv 7 \ (9), 8 \equiv 35 \ (9)$

合同式の (1) の性質より、上の合同式を左辺同士、右辺同士で掛け算しても合同です。

$1 \times 2 \times 4 \times 5 \times 7 \times 8$

$\equiv 28 \times 56 \times 49 \times 14 \times 7 \times 35 \quad (9)$

$\equiv (7 \times 4) \times (7 \times 8) \times (7 \times 7) \times (7 \times 2) \times (7 \times 1) \times (7 \times 5) \quad (9)$

$\equiv 7^6 \times (1 \times 2 \times 4 \times 5 \times 7 \times 8) \quad (9)$

ところで、L の 6 個の数はすべて 9 とは互いに素でしたので、これら 6 個を掛け合わせた数 $(1 \times 2 \times 4 \times 5 \times 7 \times 8)$ も 9 と互いに素です。したがって、合同式の (3) の性質から割り算

ができますので、$1 \equiv 7^6 \ (9)$ となります。これがオイラーの定理でした。

　一般の場合にもほぼ同様にして証明できます。挑戦してみてください。このオイラーの定理の特別な場合が、次の第29節で紹介するフェルマーによるフェルマーの小定理です。

〈フェルマーの小定理〉

　　a と n が互いに素で n が素数であれば、$a^{n-1} \equiv 1(n)$ である

　なぜならば、n が素数であれば $\emptyset(n) = n - 1$ なので、オイラーの定理から明らかです。

　こんにちコンピューターの発達に伴って数学の活躍の場は格段に広がってきました。

　しかし、そのコンピューターの発達を可能にしたのも数学でした。もし人類が位取り記数法の原理を発見していなければどうなっていたかはわかりません。すべての数を0と1の二つの数で表現する二進位取り記数法は単なる遊戯にすぎませんでした。それでもその遊戯が数の電子信号への変換を可能にしたのです。

　仮にそれが始まりとすれば、いまではこの社会を崩壊させるかもしれないほどの発達の一端を数学が担ってしまいました。

　この公開鍵の暗号技術は、政府が関与できない通貨の流通を可能にし、それらは仮想通貨と呼ばれています。その一つがビットコインです。暗号科学の専門家のドミニク・フリスビーは「かつて私たちは政治的権威に裏付けられた通貨を持っていたが、いまでは数学的証明に裏付けられた通貨を持っ

ている」と述べています。また、クリプトアナーキー（暗号法の数学と無政府状態を合成した言葉）の世界で最も影響力を持つといわれるティモシー・メイは、1980年代に次のようなクリプトアナーキー宣言を書いています。「ひとつの怪物が現代社会を徘徊している。すなわちクリプトアナーキーという怪物だ。コンピュータテクノロジーは、いまや個人や集団が、その正体を知られることなく、たがいにコミュニケーションを交わし、交流する能力を授ける瀬戸際に迫りつつある。（略）こうした発展で、政府による規制の性質、経済活動を管理し、税を強いる能力、情報を隠匿する能力は根底から様変わりし、さらに信用と評価の性質にさえ変化を迫るものとなるだろう」（ジェイミー・バートレット著『操られる民主主義　デジタル・テクノロジーはいかにして社会を破壊するか』　草思社　2018）。はたしてどのような未来が私たちを待っているのでしょうか。

29 ｜ フェルマーの最終定理と ABC予想

たかが数遊びと思うことなかれ

　大学入試の答案に「私はこの問題の素晴らしい解答を見つけたが、スペースが足りなくて書ききれないので書かないことにする」と記しても合格は無理でしょう。だが、世界は広い！「自分は解決したが、余白が少ないので書ききれない」という書き込みによって、代数学の発展を刺激した賢人がいました。フランスのフェルマーという人です。ピエール・ド・フェルマー（1601-1665）は、法律家であり、トゥールーズ議会の議員だったのですが、数学を趣味として重要な業績を数多く残しているのですから恐れ入ります。そのフェルマーが書物の余白に書き込んだというのがいわゆる**フェルマーの最終定理**と呼ばれるものです。それは「$n > 2$ の自然数のときは、$x^n = y^n + z^n$ を満たす整数 x, y, z は存在しない」という予想（conjecture）です。フェルマー自身は $n = 3, 4$ の場合を示したようです。自分は解決したが、余白が少ないので書ききれないという書き込みをしていました。真偽のほどは不明ですが、でもこの予想は正しいことが後に証明されるのですから、神の啓示でもあったのでしょうか？

　書いてあること自体は誰にでもわかる簡単なものですが、解決されたのはフェルマーの死から330年後の1995年です。プリンストン大学教授であったイギリスの数学者アンドリュー・ワイルズが肯定的に解決しました。それは日本人数

学者の「谷山・志村予想」の部分的解決の副産物でもあった
のです。いやいや、日本人数学者との関連はそればかりでは
ありません。いま最もホットな話題として有名な**ABC予想**
の解決とも関連があります。この証明は望月新一京都大学教
授によりなされたといわれています。実は、ABC予想に関
連するある予想が正しければ、これも副産物としてフェルマ
ーの最終定理が得られるというものなのです。そのことは後
ほど述べるとしましょう。

　フェルマーの最終定理のもともとの発端は、中学校で学習
するピタゴラスの定理（三平方の定理）です。直角三角形に
おいて斜辺と他の2辺の長さがa, b, cのとき、$a^2 = b^2 + c^2$
が成り立つ——あまりにも有名な定理です。

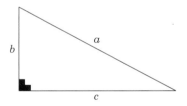

図 29-1

　紀元前2000年頃のバビロニアでは、上に述べたピタゴラ
スの定理などが使われていたのではないかといわれています
（T. L. ヒース著『復刻版 ギリシア数学史』 共立出版
1998）。紀元前の古い文明では、3, 4, 5並びにその倍数を3
辺とする三角形が直角三角形であることを経験的に知ってい
たようです。明確な証拠は発見されていませんが、紐に12
個（3 + 4 + 5 = 12）の結び目が使われていました。紀元前
500年頃にはインドや中国でもピタゴラスの定理が使われて

いました。建物をまっすぐに建てたり、角を作ったり、土地を区画したりするのに直角を必要としたからだと思われます。それは、いまでいうピタゴラスの定理の逆を使っていたわけです。ピタゴラスの定理は「直角三角形の3辺には、$a^2 = b^2 + c^2$ の関係が成り立つ（a は斜辺です）」という主張ですが、実際の使用においては、その逆である「三角形の3辺 a, b, c に $a^2 = b^2 + c^2$ が成り立てば、辺 a に対する角は直角である」という性質です（ユークリッドの『原論』：命題48）。バビロニアやエジプトのそれらは経験に基づく知恵であり、それが正しいことを証明したものではありません。

　数学的な対象として、証明や数の性質と関連して取り扱うようになるのは紀元前600年頃からの古代ギリシャにおいてです。ピタゴラスもその時代の人です。このピタゴラスの定理ですが、ピタゴラス自身による証明は残っていません。ユークリッドの『原論』の命題47の証明とは異なっていて、次のような証明だったのではないかといわれています。まず、1辺が $b + c$ の正方形を考えます。

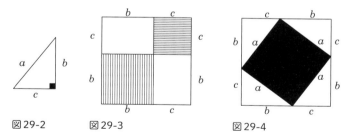

図29-2　　図29-3　　　　　図29-4

　図29-3、図29-4の1辺が $b + c$ の正方形の面積は、タテ線の正方形の面積 ＋ ヨコ線の正方形の面積 ＋ 2 × bc（図29-

3）、黒い正方形の面積 + $4 \times \frac{1}{2}bc$（図29-4）となります。こうしてタテ線の正方形（b^2）+ ヨコ線の正方形（c^2）= 黒い正方形（a^2）ですから、$b^2 + c^2 = a^2$となります。

　さて、ピタゴラスの定理を満たす数は整数であるとは限りません。そこで、整数となるものがどれくらいあるかということです。これを**ピタゴラス数**といいます。実際、$a = 5$, $b = 4$, $c = 3$はその一つです。この数をk倍（kは自然数）すれば、ピタゴラス数になるのは明らかですので、実は無数にあります。

　とくに、a, b, cが互いに素であるとき、これを原始ピタゴラス数といいます。$a = 5$, $b = 4$, $c = 3$は原始ピタゴラス数です。これも無数にあります。

　一般には、$a : b : c = m^2 + n^2 : 2mn : m^2 - n^2$（$m$, nは自然数、$0 < n < m$）であればピタゴラス数になりますので、$a = m^2 + n^2$, $b = 2mn$, $c = m^2 - n^2$はピタゴラス数になります。

　また、mとnが互いに素で、$(m - n)$が奇数のときに限って、$a = m^2 + n^2$, $b = 2mn$, $c = m^2 - n^2$は原始ピタゴラス数になります。……㋐

　これは、次のように導くことができます。

　$b^2 + c^2 = a^2$で、簡単にするためにa, b, cは自然数とします（自然数が見つかれば、それに符号をつけて考えれば整数の組となるので本質的な違いはありません）。

$$b^2 + c^2 = a^2 \quad \Rightarrow \quad \left(\frac{b}{a}\right)^2 + \left(\frac{c}{a}\right)^2 = 1$$

　いま、$\frac{b}{a} = x$　$\frac{c}{a} = y$とすると$x^2 + y^2 = 1$（x, yは正の有理数となります）

$$x^2 = 1 - y^2 = (1 - y)(1 + y)$$

$y = \pm 1$ のときは、$x = 0$ で一つの整数解になります。そこで $y \neq \pm 1$ と仮定します。

$$\frac{x}{1+y} = \frac{1-y}{x}$$

ところで、x も y も有理数なので、上の式は有理数になります。

そこで、$\frac{x}{1+y} < 1$ なのでこれを $\frac{n}{m}$ とします（$0 < n < m$ は自然数）。

$$\frac{x}{1+y} = \frac{1-y}{x} = \frac{n}{m}$$

$$\frac{x}{1+y} = \frac{n}{m} \quad \Rightarrow \quad mx - ny = n \qquad ①$$

$$\frac{1-y}{x} = \frac{n}{m} \quad \Rightarrow \quad nx + my = m \qquad ②$$

①②を解いて

$$x = \frac{2mn}{m^2+n^2} , y = \frac{m^2-n^2}{m^2+n^2}$$

$$\frac{b}{a} = x = \frac{2mn}{m^2+n^2} , \frac{c}{a} = y = \frac{m^2-n^2}{m^2+n^2}$$

$$\frac{b}{2mn} = \frac{a}{m^2+n^2} , \frac{c}{m^2-n^2} = \frac{a}{m^2+n^2}$$

$$\Rightarrow \quad \frac{a}{m^2+n^2} = \frac{b}{2mn} = \frac{c}{m^2-n^2}$$

よって、$a : b : c = m^2 + n^2 : 2mn : m^2 - n^2$ となります。したがって、$a = m^2+n^2 , b = 2mn, c = m^2 - n^2$（$m, n$ は自然数、$0 < n < m$）は、自然数解になります。

a, b, c が互いに素のときは、$(m - n)$ が偶数だと b と c が互いに素でなくなるので $(m - n)$ は奇数です。

いま、幾何学的なことを離れて、$a^2 = b^2 + c^2$ を満たす自然数の解は無限にあることがわかりました。

そうなると、$a^3 = b^3 + c^3$, $a^4 = b^4 + c^4$, $a^5 = b^5 + c^5$, …を満たす整数の解も無限にあるのではないかと予測されますが、フェルマーはいろいろ試してみたのでしょう。彼の予測は $n > 2$ ならば、$a^n = b^n + c^n$ を満たす整数解はないという結論に達したのです。$n = 3$ のときは、オイラーも証明をしています。

$n = 4$ のときの証明をスケッチしてみましょう。このときは、4乗で偶数ですので、$a^4 = b^4 + c^4$ を満たす自然数が存在しないことをいえば十分です。

フェルマーは、$a^4 = b^4 + c^4$ を特別の場合として含む $a^2 = b^4 + c^4$ を満たす自然数がないことを示しました。$a^4 = b^4 + c^4 \Leftrightarrow (a^2)^2 = (b^2)^2 + (c^2)^2$ ですから、最初の式は $a^2 = b^4 + c^4$ に a の2乗を代入した式です。このことから、もし $a^4 = b^4 + c^4$ を満たす自然数の解があれば矛盾します。

いま、$a^2 = b^4 + c^4$（＊1）を満たす自然数があると仮定して、背理法で示します。

a, b, c は共通の約数がない（互いに素の）場合を示せば十分です。$a^2 = (b^2)^2 + (c^2)^2$ なので、a, b^2, c^2 はピタゴラス数になります。a, b, c は互いに素なので a, b^2, c^2 も互いに素です。したがって、これは原始ピタゴラス数になります。

㋐より、

　　$a = m^2 + n^2$, $b^2 = 2mn$, $c^2 = m^2 - n^2$（m, n は自然数、$0 < n < m$）

　　・m, n は互いに素　　・$m - n$ は奇数（m, n は互いに素

なので $m + n$ も奇数です）とできます。

$c^2 = m^2 - n^2 \quad \Rightarrow \quad c^2 + n^2 = m^2$（$c^2$ も奇数となり c も奇数、また a も奇数になります）

　c, m, n は互いに素なので、c, m, n は再び原始ピタゴラス数です。こうして(ア)より、$m = l^2 + k^2$, $n = 2lk$, $c = k^2 - l^2$（c は奇数なので）（l, k は自然数、$0 < l < k$）①　　・l, k は互いに素　・$k - l$ は奇数となります。

　$b^2 = 2mn$ より、b^2 は偶数なので b も偶数です。また①から n は偶数ですから、$\left(\frac{b}{2}\right)^2 = \left(\frac{n}{2}\right) \times m$ は自然数の 2 乗 = 自然数 × 自然数です。自然数 $\frac{b}{2}$ は一通りに素因数分解できます、また $\left(\frac{n}{2}\right)$ と m は互いに素になります。したがって、$\left(\frac{n}{2}\right)$ と m も 2 乗数でなければなりません。こうして、$\left(\frac{n}{2}\right) = s^2$, $m = r^2$ とできます。よって、$m = l^2 + k^2 \quad \Rightarrow \quad r^2 = l^2 + k^2$　②

　また、$n = 2lk$（①）と上のことより $\frac{n}{2}$ は 2 乗数なので、上と同様に l, k も 2 乗数でなければなりませんから、$l = p^2$, $k = q^2$ となります。これを②に代入すると

　$r^2 = p^4 + q^4$　③　です。また、$a = m^2 + n^2 > m = r^2 > r$　④　となります。

　細かい吟味は省きますが、③から r, p, q は（＊1）を満たす自然数となります。

　したがって、いま行ったのと同じ議論を次々と展開することができます。しかも、④から $a > r$ ですから、こうして得られた次の r を r_1、さらに次のものを r_2 とすれば、$a > r > r_1 > r_2 > \cdots > 0$ とできることになります。しかし、a より小さい自然数は有限ですので、いつまでもやり続けることはできません。以上のことから、（＊1）を満たす自然数 $a, b,$

c が存在するという仮定は否定されるのです。

こうして、$a^4 = b^4 + c^4$ を満たす自然数は存在しないということになります。

これは、フェルマーが名づけた無限降下法と呼ばれる証明方法です。フェルマーはこの解法の原理を友人のカルカヴィあての手紙に書いただけで発表しなかったそうですが、その後、友人のフレニクルがフェルマーの示唆を受けて『数における直角三角形に関する論説』の中で証明を再構成したとのことです（ル・リヨネ編『数学思想の流れ1』 東京図書 1974 p.114）。

フェルマーの最終定理の解決を簡潔に説明するのはとても難しいので、その概略を紹介しましょう。フェルマーの最終定理は次のようなものでした。

「$n > 2$ の自然数のときは、$x^n = y^n + z^n$ を満たす整数 x, y, z は存在しない」

その後、さまざまな n についての挑戦がなされました。

実は、次のようにして、$n\,(>2)$ が素数の場合にのみ示せばよいことがわかります。

(1) n が2以外のいかなる素数でも割れない場合は、フェルマーの最終定理が成り立つ。

　　n の素因数分解を考えますと、n が2以外のいかなる素数もその因数に含まないならば、$n = 2^k\ (k > 2)$ と書けます。

　　したがって、$n = 2^k = 4 \cdot 2^{k-2}$ ですので、
$$x^n = y^n + z^n \quad \Leftrightarrow \quad x^{4 \cdot 2^{k-2}} = y^{4 \cdot 2^{k-2}} + z^{4 \cdot 2^{k-2}}$$
$$\Leftrightarrow \quad \left(x^{2^{k-2}}\right)^4 = \left(y^{2^{k-2}}\right)^4 + \left(z^{2^{k-2}}\right)^4 \quad (*2)$$

すでに示したように、$x^4 = y^4 + z^4$ の場合には自然数の解はなく、(*2) を満たす自然数は存在しませんので、この場合は解決済みです。

(2)n が 2 以外の素数で割れる場合を考えます。

　　n を割る素数の一つを p としますと、$n = pk$ と書けます。

　　$x^{pk} = y^{pk} + z^{pk}$　　⇔　　$(x^k)^p = (y^k)^p + (z^k)^p$

　　したがって、(1)(2) より素数 p に対してフェルマーの最終定理が成り立つことを示せば十分なわけです。

　　$n = 3$ の場合は、1770 年にオイラーによって示されましたが、その完全な証明はその 25 年後の別の結果を必要としました。$n = 5$ の場合は、1825 年にルジャンドル（1752-1833）によって証明されました。しかし、素数は無限にありますので、この方向で追求してはきりがありません。どこかで発想の転換が求められるのです。

　　やがて、この問題は楕円曲線の有理点を求める方向へと発展していきます。しかし、それとてもいいところまで追い込めるのですが、なかなか肝心のところまでは到達しませんでした。

　　ところが、1986 年にドイツのザールブリュッケン大学教授だったゲルハルト・フライが大きな転機となる発見をします。もし、$a^n = b^n + c^n$ を満たす（n は 5 以上の素数と考えてよい）整数解 a, b, c があれば、$y^2 = x(x - a^n)(x + b^n)$ で定まる楕円曲線は、日本人数学者である谷山豊（1927-1958）と志村五郎（1930-2019）により提起されていた楕円曲線の持つ性質に関する予想（これを「谷山・志村予想」（註）といいます）に反するのではないかということに気が

ついたのです。そのアイデアをフランスのジャン＝ピエール・セールがブラッシュアップして、カリフォルニア大学バークレー校のケネス・リベットが「もし、$a^n = b^n + c^n$ を満たすような整数解があれば、「谷山・志村予想」に反する楕円曲線（フライの発見したような）が存在する」ということを証明してみせたのです。こうして、フェルマーの最終定理までの道筋がつけられ、残りは、「谷山・志村予想」が正しいことが証明できればよいということになりました。

1994年にイギリスのアンドリュー・ワイルズが、半安定な楕円曲線に対して「谷山・志村予想」が成り立つことを示すことで、その副産物として「フェルマーの最終定理」の証明に成功します。もっとも、ワイルズの最初の証明は飛躍があり、彼が指導した学生であったリチャード・テイラーたちとの共同によって、1995年にその証明が完成されました。

こうして「フェルマーの最終定理」に決着がついたのです。「最終定理」と呼ばれるのは、フェルマーが提起した定理や予想の中で最後に残った未解決の定理だったからだとのことのようですが、真相はわかりません。

註：「有理数体上の楕円曲線はモジュラー関数で一意化できる」（谷山・志村予想）

楕円曲線とは $y^2 = x^3 + ax + b$ （a, bは有理数）で定義される曲線で、右辺の多項式が重解を持たないものをいいます。先ほどのフライ曲線は、変数変換によって x^2 の項が消えて楕円曲線にできます。しかも、半安定なのです。

フェルマーの最終定理の証明の後に、「谷山・志村予想」がすべての楕円曲線に対して成り立つことが、先ほどのリチ

ャード・テイラーを含む4人の数学者によって証明され（2001）、現在では「モジュラリティ定理」と呼ばれています。

〈ABC予想とフェルマーの最終定理〉

いま、話題になっている**ABC予想**は整数論といわれる数学の分野の問題です。予想の内容は単純なのですが、証明はなかなか難しいというのが数に関する数学である整数論の特徴です。フェルマーの最終定理もその一つでした。ABC予想は京都大学の望月新一教授が証明をして、その正しいことが最近ようやく認められたというので話題になったものです。

ABC予想とは次のような内容です。

「互いに素である自然数の a, b, c が $a + b = c$ であるとき、

任意に与えた実数 $\varepsilon > 0$ に対して、$c > d^{1+\varepsilon}$ を満たす自然数の組 $\{a, b, c\}$ はたかだか有限個しか存在しない。ただし、$d = a \times b \times c$ の互いに異なる素因数の積」

この予想の意味を説明する前に c と d の関係がどうなるかを見ておきましょう。

(1) $a = 2, b = 3, c = 5$ とすると互いに素です。$2 + 3 = 5$ です。

$a \times b \times c = 2 \times 3 \times 5 = 30$

30の互いに異なる素因数は2, 3, 5ですので、$d = 2 \times 3 \times 5 = 30$ です。

$c = 5 < d = 30$ です。

実は、この例のようにほとんどの場合に $c < d$ となります。しかし、次のような例もあります。

(2) $a = 1$, $b = 8$, $c = 9$ とすると互いに素です。$1 + 8 = 9$ です。

$a \times b \times c = 1 \times 8 \times 9 = 72 = 2^3 \times 3^2$ なので、$d = 2 \times 3 = 6$

このとき、$d = 6$ となりますので、$c = 9 > d = 6$ です。

これは、(1)とは逆に $c > d$ となる例です。

実は、$c > d$ になるものも無数にあることがわかっています。ただ、そこで、d を少し大きくした場合（つまり $d^{1+\varepsilon}$ とした場合）には、$c > d^{1+\varepsilon}$ となる数の組み合わせはそうたくさんはない（たかだか有限個）に違いないというのが、ABC予想というわけです。

(2)の例では、$c > d$ であっても $c < d^2$ となります。

したがって、ABC予想における ε は $0 < \varepsilon < 1$ であろうと思われますが、実は次の予想（$\varepsilon = 1$）も証明がされてはいないようです。

「すべての自然数 $a, b, c\,(a + b = c)$ に対して $c < d^2$ が成り立つ」(イ)

もし、この予想が正しいとすれば、フェルマーの最終定理は容易に証明ができます。

それを述べましょう。

フェルマーの最終定理は、$n > 2$ の自然数のときは、$x^n = y^n + z^n$ を満たす整数 x, y, z は存在しないというものでした。$n = 3, 4, 5$ では、そのような x, y, z が存在しないことが示されているので、$n \geqq 6$ と仮定できます。

もし、互いに素である正の整数に対して $x^n = y^n + z^n$ を満たす x, y, z があったとします。

$a = y^n$, $b = z^n$, $c = x^n$ とすることで、ABC 予想に関する(イ)を適用します。

まず、次のことが成立します。

$d = x^n y^n z^n$ の素因数の積 $= (xyz)^n$ の素因数の積 $= (xyz)$ の素因数の積（相異なる素因数の積です。以下同じ）

ところで、$x > y, x > z$ なので

$d = (xyz)$ の素因数の積 $\leq xyz < x^3$

いま(イ)を仮定しているので、

$c = x^n < d^2 < (x^3)^2 = x^6$ となりますので、$n < 6$ となります。

ところが、$n \geq 6$ であることに矛盾します。

こうして、$x^n = y^n + z^n$ $(n > 2)$ を満たす整数は存在しないことになり、フェルマーの最終定理が証明されました。

（参考：山崎隆雄「フェルマー最終定理とabc予想」『数学セミナー』　日本評論社　2010.12）

2021 年 11 月 24 日の朝日新聞デジタルには、望月教授の開発された「宇宙際タイヒミュラー理論」の拡張によって「フェルマーの最終定理」が証明されたとする論文が東京工業大学発行の『Kodai Mathematical Journal』に受理されたという記事があります。

書かれていること自体は誰にでもわかるものなのですが、それを証明するとなると 330 年以上もかかるのですから、うっかり手を出せないのです。それでも人々を魅了し続ける、それが数学なのですね。

参考文献

1. 彌永昌吉著『数の体系(上)』 岩波新書 1972
2. 中村滋著『素数物語』 岩波書店 2019
3. 室井和男著 コーディネーター中村滋『シュメール人の数学』 共立出版 2017
4. А.А.コロソフ著『数学課外よみもの(Ⅱ)』(木村君男訳) 東京図書 1964
5. Г.И.グレイゼル著『グレイゼルの数学史Ⅰ,Ⅱ,Ⅲ』(保坂秀正・土居康男・山崎昇訳) 大竹出版 1997
6. モリス・クライン著『数学文化史(上,下)』(中山茂訳) 河出書房新社 1962
7. ル・リヨネ編『数学思想の流れ1,2,3』(村田全監訳) 東京図書 1974, 1975
8. T.L.ヒース著『復刻版 ギリシャ数学史』(平田寛・菊池俊彦・大沼正則訳) 共立出版 1998
9. Ｊ.D.バロー著『天空のパイ』(林大訳) みすず書房 2003
10. Ｊ.スティルウェル著『数学のあゆみ(上)』(上野健爾・浪川幸彦監訳 田中紀子訳) 朝倉書店 2005
11. キース・デブリン著『数学:パターンの科学』(山下純一訳) 日経サイエンス社 1995
12. R.クーラント・H.ロビンズ著『数学とは何か』(森口繁一監訳) 岩波書店 1966
13. フレイマン著『十四人の数学者』(松野武・山崎昇訳) 東京図書 1970
14. サイモン・シン著『フェルマーの最終定理』(青木薫訳) 新潮文庫 2006
15. 遠山啓著『現代数学対話』 岩波新書 1967
16. 同上『数学入門 上,下』 岩波新書 1959, 1960
17. 銀林浩著『量の世界:構造主義的分析』 むぎ書房 1975
18. 上野健爾著『代数入門』 岩波書店 2004
19. 片山孝次著『代数学入門』 新曜社 1981
20. C. H. Edwards.Jr.著 "The Historical Development of the Calculus" Springer Verlag 1991
21. 安倍齊著『微積分の歩んだ道』 森北出版 1989
22. 高木貞治著『解析概論 改訂版』 岩波書店 1961
23. スミルノフ著『高等数学教程Ⅰ-1,2』(彌永昌吉・河田敬義他翻訳監修) 共立出版 1963
24. M.ブラウン著『微分方程式(上)』(一樂重雄・河原正治他訳) シュプリンガー・フェアラーク東京 2001
25. 木村俊房著『常微分方程式の解法』 培風館 1958
26. 光成滋生著『暗号と認証のしくみと理論がこれ1冊でしっかりわかる教科書』 技術評論社 2021
27. Ｊ.A.ブーフマン著『暗号理論入門 原書第3版』(林芳樹訳) 丸善出版 2012
28. 中村幸四郎・寺阪英孝・伊東俊太郎・池田美恵『ユークリッド原論 縮刷版』 共立出版 1971
29. 黒木哲徳著『入門算数学第3版』 日本評論社 2018
30. 同上『算数から数学へ—もっと成長したいあなたへ—』 日本評論社 2019

長い間、数学に関連する仕事に携わってきて、ここに掲載した書籍以外からも学び蓄積された知見がございます。それらの原典すべてはチェックすることができませんので、参考文献として抜けているものもあるかもしれませんが、その点はお許しください。このリストは本書を書くに際して改めて参照したもの、基本的な引用をさせていただいたもののみとなっております。

索引

ア行

アルキメデス ·········· 152、196、201
暗号 ·························· 63、242
1対1対応 ····················· 17
因数定理 ······················ 130
因数分解 ······················ 114
運動方程式 ···················· 225
エラトステネスのふるい ········· 62
円 ·······················100、196
円周率 ······················ 35、81
オイラーの公式 ················ 195
オイラーの定理 ················ 246
オイラー、レオンハルト ··· 94、190、258
黄金比 ························· 96

カ行

外延量 ························· 38
階乗 ·························· 183
解の公式 ···················· 97、112
ガウス、カール・フリードリヒ
 ···················· 57、115、130
ガウスの定理 ·············115、131
確率 ·························· 232
可算無限 ······················ 22
仮想通貨 ····················· 251
カルダノ、ジェロラモ ·····127、232
カルダノの公式 ················ 129
関数 ······················· 98、159
基数 ························ 13、38

（右段）

記数 ························· 20、26
奇数 ·························· 60
逆関数 ······················· 147
球 ·························196、217
求積 ·······················196、217
共役 ·························· 119
極限（操作） ·······87、138、200、211
虚数 ·······················117、129
近似（値） ···················· 36、197
偶数 ·························· 60
区分求積法 ··················202、203
位取り記数法 ·············29、41、251
クリプトアナーキー ············ 252
原始関数 ···················207、212
『原論』 ··················53、61、255
公開鍵 ······················· 243
合成数 ························ 58
合同 ························· 245
根元事象 ····················· 233

サ行

最大公約数 ·················· 67、73
三角関数 ··············177、191、195
算術の基本定理 ················ 56
3乗根（立法根） ··············· 128
指数 ························· 134
指数関数 ··················139、193
指数法則 ····················· 153
自然数 ········22、34、56、192、249、257
自然対数 ····················· 150
四則演算 ······················ 85
実験的確率 ··················· 232
実数 ·····················81、120、192
集合（論） ··················· 17、236

集合数 ……………………… 13、38
収束 ………………………… 200
十進記数法 ………………… 26
純虚数 ……………………117、123
準線 ………………………… 102
小数 ………………………… 40
焦点 ………………………… 102
常用対数 …………………150、190
序数 ………………………… 13
除法の定理 ………………… 65
数詞 ………………………… 26
数表(対数表) ……………143、152
数列 ………………………… 87
正規分布 …………………… 195
整数 ………………………… 64
積分(法) ……… 197、204、210、223
接線 ……………… 109、160、222
絶対値 ……………………… 77
素因数分解 ……… 57、66、259
双曲線 ……………………… 100
素数 ………………………56、260

タ行

対数 ………………………… 143
代数学の基本定理 ………… 130
対数関数 ……… 143、152、190、195
大数の法則 ………………… 240
楕円 ……………… 100、196、261
互いに素 ………… 66、74、246
多項式 …………… 115、172、183
谷山・志村予想 …………… 262
単項式 ……………………… 212
底 ……………… 140、144、190、195
底の変換公式 ……………… 149

ディオファントス方程式 ……… 72
定積分 …………… 196、208、210
テイラー展開 ……………… 186
デカルト、ルネ …………… 108
導関数 ……… 159、171、183、193、221
等差数列 …………………… 152
等比数列 …………………152、190

ナ行

内包量 ……………………… 38、45
二項定理 …………………… 183
2乗根(平方根) …………… 136
ニュートン ……… 53、209、225
ネイピア、ジョン ………… 156
ネイピア数 ……… 150、190、240

ハ行

倍数 ………………………… 65
パスカル …………………198、232
パラボラアンテナ ………… 108
判別式 ……………………… 108
比 …………………………… 49
ピアジェ …………………… 15
被積分関数 ………………… 204
ピタゴラス ………………… 59、121
ピタゴラス数 ……………… 256
ピタゴラスの定理 ………… 254
微分(法) …… 39、159、169、183、192、203、221
微分係数 ………… 159、169、193
微分積分法の基本公式 ……207、211
微分方程式 ……… 161、170、222
秘密鍵 ……………………… 243
百分率 ……………………… 47

標本空間 ⋯⋯⋯⋯⋯⋯⋯⋯⋯ 233
歩合 ⋯⋯⋯⋯⋯⋯⋯⋯⋯⋯ 47
フェルマーの最終定理 ⋯⋯ 251
フェルマーの小定理 ⋯⋯⋯ 249
フェルマー、ピエール・ド ⋯ 253
複素数 ⋯⋯⋯⋯⋯ 119、121、129
複素数平面（ガウス平面） ⋯ 124
不定積分 ⋯⋯⋯⋯⋯⋯⋯⋯ 205
不定方程式 ⋯⋯⋯⋯⋯⋯⋯ 72
『プリンキピア』 ⋯⋯⋯⋯⋯ 53
分数 ⋯⋯⋯⋯⋯⋯⋯⋯⋯⋯ 40
平行四辺形の法則 ⋯⋯⋯⋯ 125
平方完成 ⋯⋯⋯⋯⋯⋯⋯⋯ 104
べき乗 ⋯⋯⋯⋯⋯⋯⋯⋯⋯ 154
変曲点 ⋯⋯⋯⋯⋯⋯⋯⋯⋯ 168
放物線 ⋯⋯ 99、108、160、196、229

マ行

マグニチュード ⋯⋯⋯⋯⋯ 150
マクローリン（の級数）展開 ⋯186、192
無限降下法 ⋯⋯⋯⋯⋯⋯⋯ 260
無限小数 ⋯⋯⋯⋯⋯⋯⋯⋯ 84
無理数 ⋯⋯⋯⋯ 36、81、120、136
命数 ⋯⋯⋯⋯⋯⋯⋯⋯⋯⋯ 20
望月新一 ⋯⋯⋯⋯⋯⋯⋯⋯ 254

ヤ行

約数 ⋯⋯⋯⋯⋯⋯⋯⋯⋯⋯ 65
有理数 ⋯⋯⋯⋯ 81、120、136、257
ユークリッド ⋯⋯⋯⋯⋯ 53、255
ユークリッド互除法 ⋯⋯ 43、68、73

ラ行

ライプニッツ ⋯⋯⋯⋯⋯⋯ 209

（ライプニッツの）微分商 ⋯⋯ 222
ラジアン ⋯⋯⋯⋯⋯⋯⋯⋯ 178
ラプラス、ピエール＝シモン ⋯ 233
離散量 ⋯⋯⋯⋯⋯⋯⋯ 34、122
理論的確率 ⋯⋯⋯⋯⋯⋯⋯ 232
累加 ⋯⋯⋯⋯⋯⋯⋯⋯ 134、152
累乗 ⋯⋯⋯⋯⋯⋯⋯⋯ 134、152
連続量 ⋯⋯⋯⋯⋯ 34、81、122
連分数展開 ⋯⋯⋯⋯⋯⋯ 89、90

ワ行

ワイルズ、アンドリュー ⋯⋯ 254
割合 ⋯⋯⋯⋯⋯⋯⋯⋯ 39、45

アルファベット・記号

ABC予想 ⋯⋯⋯⋯⋯⋯⋯⋯ 254
cos ⋯⋯⋯⋯⋯ 177、187、220、227
dy/dx ⋯⋯⋯⋯⋯⋯⋯⋯171、222
e ⋯⋯⋯ 150、155、187、190、195、220、225、241
$f'(x)$ ⋯⋯⋯⋯⋯⋯⋯⋯163、171
i ⋯⋯⋯⋯⋯⋯⋯⋯⋯⋯⋯ 117
lim ⋯⋯⋯⋯⋯ 87、163、200
log ⋯⋯ 147、189、190、193、220、224
RSA暗号 ⋯⋯⋯⋯⋯⋯⋯⋯ 242
sin ⋯⋯⋯⋯⋯ 177、187、220、227
tan ⋯⋯⋯⋯⋯⋯⋯⋯⋯⋯ 177
ϕ ⋯⋯⋯⋯⋯⋯⋯⋯ 32、233
π ⋯⋯⋯⋯⋯⋯⋯⋯⋯ 36、82
$\cup$ ⋯⋯⋯⋯⋯⋯⋯⋯⋯ 235
$\cap$ ⋯⋯⋯⋯⋯⋯⋯⋯⋯ 236
$\equiv$ ⋯⋯⋯⋯⋯⋯⋯⋯⋯ 245
$\int$ ⋯⋯⋯⋯⋯⋯⋯⋯⋯ 208

N.D.C.410　　270p　　18cm

ブルーバックス　B-2265

学びなおし！　数学　代数・解析編
なっとくする数学キーワード29

2024年6月20日　第1刷発行

著者　　黒木哲徳

発行者　森田浩章

発行所　株式会社講談社

〒112-8001 東京都文京区音羽2-12-21

電話　　出版　　03-5395-3524

　　　　販売　　03-5395-4415

　　　　業務　　03-5395-3615

印刷所　（本文印刷）株式会社KPSプロダクツ

　　　　（カバー表紙印刷）信毎書籍印刷株式会社

製本所　株式会社国宝社

ISBN978-4-06-536225-9

発刊のことば

科学をあなたのポケットに

　二十世紀最大の特色は、それが科学時代であるということです。科学は日に日に進歩を続け、止まるところを知りません。ひと昔前の夢物語もどんどん現実化しており、今やわれわれの生活のすべてが、科学によってゆり動かされているといっても過言ではないでしょう。

　そのような背景を考えれば、学者や学生はもちろん、産業人も、セールスマンも、ジャーナリストも、家庭の主婦も、みんなが科学を知らなければ、時代の流れに逆らうことになるでしょう。

　ブルーバックス発刊の意義と必然性はそこにあります。このシリーズは、読む人に科学的に物を考える習慣と、科学的に物を見る目を養っていただくことを最大の目標にしています。そのためには、単に原理や法則の解説に終始するのではなくて、政治や経済など、社会科学や人文科学にも関連させて、広い視野から問題を追究していきます。科学はむずかしいという先入観を改める表現と構成、それも類書にないブルーバックスの特色であると信じます。

一九六三年九月

野間省一